The Zoomable Universe

ズーム・イン・ユニバース
10^{62}倍のスケールをたどる極大から極小への旅

The Zoomable Universe

ケイレブ・シャーフ=著
ロン・ミラー／5Wインフォグラフィックス=イラストレーション
佐藤やえ=訳
渡部潤一／川上紳一／山岸明彦／小芦雅斗=監修

みすず書房

THE ZOOMABLE UNIVERSE
An Epic Tour Through Cosmic Scale, from Almost Everything to Nearly Nothing

Text by Caleb Scharf
Illustrations by Ron Miller
Infographics by 5W Infographics

First published by Macmillan Publishing Group, LLC d/b/a Farrar, Straus and Giroux, New York, 2017
Text Copyright © 2017 by Caleb Scharf
Illustrations Copyright © 2017 by Ron Miller
Infographics Copyright © 2017 by 5W Infographics
Japanese translation rights arranged with
Macmillan Publishing Group, LLC d/b/a Farrar, Straus and Giroux, New York
through The English Agency (Japan) Ltd., Tokyo

過去，現在，未来の，すべての探求者たちに

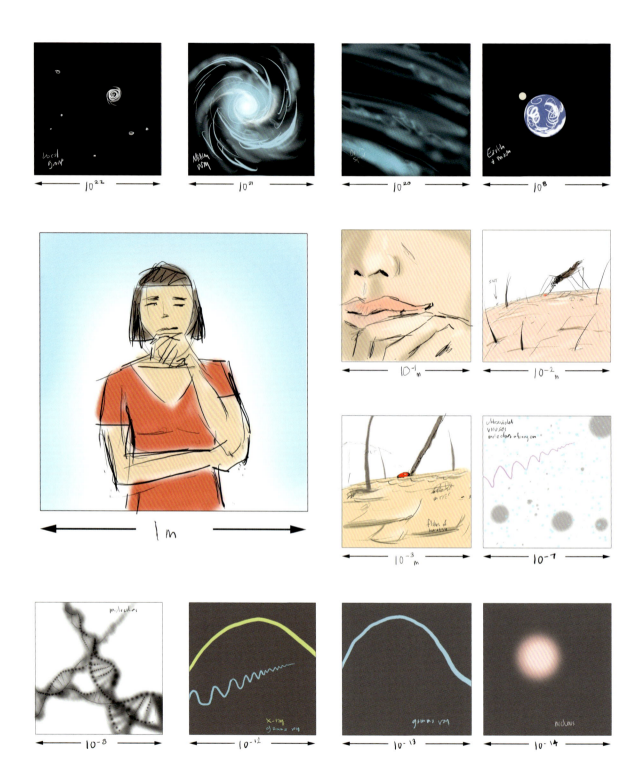

目次

	はじめに		1
1	宇宙の果てからの出発	10^{27}m → 10^{23}m	5
2	銀河の中へ	10^{22}m → 10^{18}m	25
3	太陽系ができるまで	10^{17}m → 10^{14}m	51
4	惑星，その多彩な顔	10^{13}m → 10^{9}m	71
5	地球という惑星	10^{8}m → 10^{4}m	95
6	意識ある存在	10^{3}m → 10^{-1}m	117
7	多様なものから単純なものへ	10^{-2}m → 10^{-5}m	131
8	ミクロの扉の向こう側	10^{-6}m → 10^{-10}m	147
9	実は，原子は空っぽである	10^{-11}m → 10^{-15}m	161
10	「場」が満ちた世界	10^{-16}m → 10^{-18}m……10^{-35}m	177

極大から極小まで，大きさのスペクトル ……193
メイキングノート ……197
謝辞 ……213
索引 ……215

はじめに

　この世で一番スケールの大きな話をしよう。君の体を構成している無数の原子の物語だ。

　昔むかし，無数の原子は，ばらばらの状態で空っぽの宇宙空間に何兆キロにも渡って広がっていた。それから何十億年もの間，原子たちは想像もつかないような旅をした末に，いつの間にやら寄り集まって，今，君の目や皮膚，髪の毛，骨，それに君の脳にある860億個の神経細胞になったのだ。

　君を構成する原子の多くは，もともとは星の内部で作られた。それもたぶん一つの星ではなく，互いに何兆キロも離れて存在していた複数の星の中でだ。それらの星ぼしが爆発するたびに，猛烈な爆風とともに星の中身がばらまかれ，やがてある銀河の片隅にもやもやとたまっていった。この銀河こそ，1兆キロの1兆倍もの広さを持つ宇宙空間の中に何千億個もある銀河のうちの一つ，天の川銀河だ。

　宇宙空間に散らばっていたにもかかわらず，原子たちは次第に集まり，いつしか私たちがいる地球の一部になった。無数の原子が冷えて，重力の作用で互いに引き寄せ合いながら，宇宙空間を漂っていた時よりはるかに高密度に凝縮されて，新たな物体になったのだ。それからさらに46億年の間，原子たちはありとあらゆる姿に移り変わっていった。

　一部の原子は，かつて地球に初めて登場した生命体の一部になった。それは，海にも陸にもまだ何もない頃に，ごく小さな泡粒のような形で生まれた複雑な機構だった。原子の多くは，そのまま生命体の中に安住することなく，排出されたり取り入れられたりすることを数えきれないほど繰り返しながら，地球の環境の中を流転した。

　たとえば，今君を構成する原子の一部は，かつては三葉虫の殻の一部だった。それも，数えきれないほどの三葉虫に宿ったことだろう。また，触角や木の根っこ，肢，翼，血液，そして無数の細菌にもなった。ある原子は，今から何億年か前に，警戒しながらあたりをうかがう何者かの瞳の奥に漂っていたかもしれない。恐竜の卵の黄身の一部や，氷期の寒さにあえぐ生物の吐息に含まれていた原子もあった。あるいは何十億年もの間，無数の雨粒や雪片の一部として海や雲の中を漂った末に，初めて生命体の中に落ち着いたのかもしれない。そんなさまざまな旅をしてきた原子たちがここにそろい，今この瞬間，君を形作っているのだ。

　一つ一つの原子は，それ自体がさらに細かい部品からなる複合体だが，その直径は100億分の1メートルほどしかない——原子はその小ささゆえに，私たちが認識できる現実世界と，微小な量子の世界の境界線上に位置している。原子のほとんどは空洞で，そこに電子が雲のように広がっている。その中心には，原子の10万分の1ほどの大きさの原子核がある。原子核は陽子と中性子が集まってできており，陽子と中

性子は，さらに小さな別の粒子（クォークとグルーオン）で構成されている。電子ははっきりした大きさという特性を持たないが，原子核の1,000万分の1ほどしかないと考えられている。そして今から138億年前には，これらの原子の構成要素がすべて，はるかに小さく，莫大なエネルギーを持つ時空の始まりの1点に凝縮されていた。この時空の始まりの点は，今やとてつもない大きさに広がっていて，私たちを含めたあらゆるものは，今もその広がり続ける時空の内部に存在している。ある意味で，私たちは今も地球から10億光年離れたところにある何かとともにあり，完全に切り離されてはいないのだ。

何とも信じがたいことだが，これは作り話ではない。今のところは，これが過去138億年の間に実際に起きたことについての一番良い説明なのだ。

本書『ズーム・イン・ユニバース』では，この物語を踏まえつつ，宇宙全体についてわかっていること（そして，わかっていないこと）を君たちに説明しようと思う。そのために，私たちはあの実績のある方法を使うことにした。それは観測可能な宇宙の果てから，実在するものの最も内部にある小さな粒子の世界まで，10倍ずつズームアップしていく旅に出る，というアイデアだ。

大きさの目盛り（スケール）を変えながら宇宙を旅するというアイデアは昔からあった。科学の世界で最初にそれを行ったのは，1665年にイギリスの物理学者ロバート・フックが刊行した書籍 *Micrographia* だ。さらに，1957年にオランダの科学者キース・ブーケが刊行した独創的な書籍 *Cosmic View: The Universe in 40 Jumps*，カナダ国立映画制作庁が作った短編映画 *Cosmic Zoom*（1968年），そしてチャールズ・イームズとレイ・イームズ夫妻の手になる映像作品と書籍 *Powers of Ten*（1977年）などがある。その後も類似の作品が数多く作られたところを見ると，宇宙の旅が大好きな人たちがいかに大勢いるかがわかる。

そして，もうそろそろ新しい作品を加えてもよい頃だ。今回は核となる話題を最新情報にアップデートするだけでなく，宇宙の複雑な「つながり」についての視点を加えることにした。私の手のひらを構成している原子は，向こうの方にある原子や，隣の惑星の原子，あるいは宇宙を横断する途中の原子などともつながりがある。私たちの体内で起きる物理現象は，別のスケールや別の宇宙時間においても同じように起きる。私たちの日常の出来事にみられるパターンや現象と，宇宙全体の法則や特性の間には，驚くべき共通点が無数にあるのだ。

手足の指を使って数える時にも，最先端の数学や測定法を駆使する時にも，私たちは「10の累乗」という考え方——大きさを10倍（または10分の1倍）し続けること——をしっかり理解している。10の累乗を

使ってスケールを連続的に変えていけば，私たちの日常の外側に大きく広がる自然界がひとつながりであることをうまく表現できるだろう。この本で，この宇宙全体の風景から，ほとんど無に等しい極小の世界までズームアップしていこう。

ただし本書は大まかな説明にすぎない。言ってみれば早見表のようなものだ。宇宙のさまざまなトピックや歴史の全容を，この本で細かく説明することは不可能だ。本書はそれよりも，この世界を描いたズーム機能付きの地図を手に，決められたルートをたどることにした。コンピューターゲームで言えば「レールシューター」型ゲーム[*1]のようなものだ。ただしそのレールは，この宇宙にある物理スケールを降りていく──一番大きいものから始まって，どんどん小さい世界へと狙いを絞っていくのだ。

そんな旅を言葉とイラストで表現するにあたり，私たちはこのレールをどのように設定するべきかに頭を悩ませた。宇宙には三次元の空間と，時間というつかみどころのないものがある。その上，旅路の途中にはちょっとのぞいてみたくなる興味深いものも無数にある。私たちは「全体像」を大まかに示すことを基本にしながら，途中にあるわくわくする場所を見に行くことも忘れないようにした。

本書には理解するのが難しいところもあるだろう──第1章からすでに，「暗黒物質」や「膨張する宇宙」といった言葉が出てくるし，「多宇宙」とか，「たくさんの別バージョンの自分」といった，ひときわ奇妙な事柄も登場する。第3章では，太陽系の起源という壮大なテーマに取り組まなければならない。第6章では意識の性質について頭を悩ませ，第9章では量子力学の解釈に手こずることだろう。でも大丈夫──きれいなイラストとインフォグラフィックが君のお供をしながら，楽しく理解させてくれるだろう。

本書に散りばめられた多彩な情報や知識を使って，この世界を私たちと一緒に眺めていこう。その旅路を通して，君自身がそこにどんなつながりを持っているかを発見してほしい。そしてどうか忘れないで。この宇宙は，ほかでもない君のものだということを。

[*1]「『レールシューター』型ゲーム」：シューティングゲームなどで，スタートからゴールまで1本の決まったルートをたどっていくタイプのものを「レールシューター」と言う。ゲームをイメージしにくい人は，自分がジェットコースターに乗っているところを想像してほしい。本書の旅は，コースターがレールの頂上まで登って一時停止したところから始まる。そこからは遠く宇宙の果てまでが見渡せる。やがてコースターが動き出し，天の川銀河と地球を目指し，レールはどんどん降りていく。そして，私たちの日常の世界へ，さらにその内部の極小の世界へとレールは続いていく（以下，本文下部の註はすべて訳註）

1 宇宙の果てからの出発

■この章で見ていく範囲
10^{27}m ➡ 10^{23}m
930億光年〜1,000万光年：
宇宙の地平線の直径から, 局部銀河群の大きさまで

　夏の日の朝。君は日当たりのいい部屋に座ってこの本を開き, ちょうどこのページを読みながら, 宇宙のスケールをめぐる旅に出ようとしている。

　ふと目を上げると, 窓から差し込む光の中に小さなほこりの粒が舞っている。きらきら光るいくつもの小さな点が, 空気の流れに乗って上昇したり, くるくる回ったり, まるで謎めいた生き物の群れのようだ。

　これらの粒はごく小さい。でも, もし君のいる部屋全体が観測可能な宇宙[*2]だとしたら, この一粒のほこりが, 無数の星ぼしからなる銀河1個の大きさにあたる。

　きらきら光っているほこりの一片に注目しよう。これが私たちのいる天の川銀河だ。このほこりの中に, 2,000億個以上の恒星とそれ以上の数の惑星がある。それだけの数の恒星と惑星が, 全体として10万光年（9×10^{17}キロメートル余り）の直径を持つ銀河の構造を形成している。もし君が普通の速さで歩いたら, 端から端まで行くのに20兆年はかかる距離だ。

　そんな天の川銀河の何千億個もの天体に埋もれるようにして, 一つの特別な惑星——私たちが地球と呼ぶ星がある。地球は, 岩石でできたとりたてて大きくもない球体で, 高温な内部があり, その表面は結晶化した鉱物からなる地殻の層で覆われている。地殻はうっすらと水と大気に彩られている。そして地球は, 孤立した恒星の周りを公転している——誕生から100億年くらいになる天の川銀河の中でまだ45億歳くらいの, 私たちが太陽と呼ぶ恒星だ。

　さてここで, 君がこれまでの人生の中で見聞きし, 経験したすべての物事を思い浮かべてほしい。君の家族, 友人, イヌ, ネコ, リス, ウマ, 家, ソファー, ベッド, ピザ, リンゴ, オレンジ, 木, 花, 虫, ほこり, 雲, 水, 雪, 雨, ぬかるみ, 日の光, そして星降る夜——。

[*2]「**観測可能な宇宙**」：地球を中心にした, 少なくとも半径約138億光年の範囲。その直径は約10^{26}メートル。宇宙の膨張を加味すると, その直径は約8.6×10^{26}メートル（つまりおよそ10^{27}メートル）になる（14ページ参照）。地球から観測できる宇宙の範囲は限られており, この領域を「観測可能な宇宙」という。この外側にも宇宙は続いていると考えられているが, 地球からは観測できない。p.10〜11の図を参照

では次に，かつてこの世に生きていたすべての人々（生物学的に「現生人類」と呼ばれる，総計約1,100億人の人々）を，そしてその人たちが人生の中で経験したすべての物事を想像してみよう。つまり，過去数世紀，数十年，数年，数か月，数日，数時間，数秒，そしてまばたきをするほんの一瞬の間に人々が経験した身の回りの出来事について。

その過程には，人類にとって特別な瞬間がいくつもあっただろう。さらに，人類が現れる前の地球には，細菌やアーキアから多細胞生物，三葉虫から昆虫，そして恐竜から頭足類（イカ，タコ，アンモナイトなど）に至るまでの，35億年にわたる生物たちの歴史があった。地球のありとあらゆる場所（ニッチ）に，化学エネルギーと偶然がもたらすさまざまな作用によって否応なく生まれ出た無数の生命体がうごめいていたのだ。この長大な時間の各瞬間に，これらのすべての生き物が，自然選択により姿形を変えたり激減したりしながら，体内の分子機械を休みなく働かせて生き続けてきた。

この一つ一つのか細い命のすべてが，地球という一つの惑星——何十億ものほこりの粒の中の，消え入りそうなほど小さな点——に存在していた。君がいる日当たりのいいその部屋がこの宇宙だとしたら，君の目の前を漂っている小さな一粒のほこりが，これらの生物や出来事をすべて受け止めてきたのだ。

私たちが天の川と呼ぶ銀河の粒は，膨大な物質からなる入り組んだ網目構造の，ごく小さなひとかけらにすぎない。その外側には，さらに2,000億個以上の銀河がある。銀河は小さなものから巨大なものまでさまざまで，ぽつんと孤立しているものもあれば，まさに今，大衝突を起こしているものもある。**そして私たちに見えている銀河はすべて，その光が130億年ほどの間に地球に届いたものに限られている——つまり，宇宙の「地平線」の内側にあるのだ。観測可能な宇宙が君の部屋だとしたら，宇宙の地平線はその部屋を囲む壁のようなものだ**［p.7の図，10^{27}］。

宇宙の雑多な空間には電磁放射もあふれている。電磁放射とは，波の性質と粒子の性質を併せ持つエネルギーのことで，宇宙空間を縦横に飛び交う質量のない粒子（光子と呼ばれる）によって運ばれている。その一部は，宇宙という世界が誕生した直後の，高温だった頃に発せられたものだ。また，恒星，超新星，光を放つ高温の若い惑星，天体の衝突や衝撃波に由来する光子があることもわかっている。そしてもしかしたら，高度文明社会の間で飛び交う惑星間メッセージのようなものもあるかもしれない。

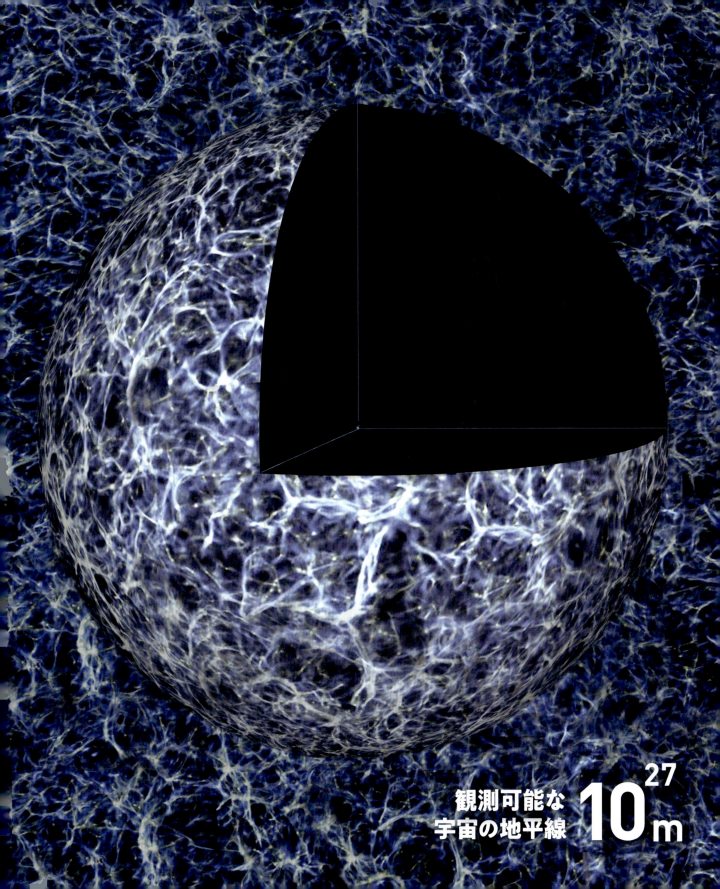

観測可能な宇宙の地平線 10^{27} m

私たちが観測できるすべての物質を合わせると，この宇宙の地平線の内側には，陽子，中性子，電子，そしてその他の亜原子粒子[*3]が全部で10^{80}個あるようだ。これは，とてつもなく大きな数字だが，大した数ではないとも言える。なぜなら，この宇宙にはおそらくその10億倍もの数の光子が飛び回っているからだ。あえて書くと，100,000,000,000,000,000,000,000,000,000,000,000,000,000,000,000,000,000,000,000,000,000,000,000,000,000,000,000,000,000,000個というとんでもない数の電磁エネルギーの運び屋が観測可能な宇宙に飛び交っていることになる。

　ただし，原子と亜原子粒子からなる物質の総量は，想定されている「宇宙にある物質の総量」のたった16％分でしかない。私たちの目と観測機器で見えるのは，この16％の部分だけだ。**しかし天文学の成果から，宇宙には私たちに見えない「影」の部分があることがわかってきた。それはまだ解明されていない亜原子粒子でできていて，宇宙の全物質の大部分**（質量で約84％）**を占めている。これこそ，「暗黒物質」**[*4]からなる宇宙の"闇の場所"だ［p.8～9の図］。暗黒物質は，その重力の作用を全銀河に及ぼしているにもかかわらず，私たちにはその姿が見えていない。

　さらに奇妙なことに，すべての通常物質と暗黒物質が浮かんでいる「時空」構造は，顕微鏡でも見えない「量子」の現象が沸き立つ場所だという。このとらえどころのない量子現象は，あまりにかすかで儚く，現実離れしているために，ほとんど目につかない──ただし，どんどん増大しており，宇宙全体にきわめて大きな作用を及ぼしている「暗黒エネルギー」[*4]というものの存在だけは検知することができる。天文学者たちは，この暗黒エネルギーこそ宇宙の加速膨張を引き起こしている一番の原因ではないかと考えている。時空──宇宙全体の土台となる基本構造──は，それ自体が時間とともに膨張しており，しかもその速度はどんどん増しているのだ。

宇宙には物質が網の目状に広がっている。その一部は光では見えない

　以上が，私たちが「万物」と呼ぶものの内訳である。

　その先が気になるだろうか？　私たちが宇宙と呼ぶものの向こう側，「万物」以外の部分はどうなっているのか？　観測可能な現実世界を明るい部屋とするなら，その部屋の「外側」には，いったい何があるのか？　重要な問題だ。だが実は，私たちの宇宙の「外側」に何があるかについては，今のところこの宇宙ではないものとしか言いようがない。

　この本では，ここをスタート地点に，これまでにわかっているあらゆる大きさの世界を旅していこう。ここは「わかっていること」と「わかっていないこと」の境目。つまり，宇宙の誕生から現在までに光が進んだ距離によって決まっている，この宇宙の地平線だ。君の部屋に例えれば，今，君はドアのところにいる。そのドアの内側は観測可能な宇宙だ。そしてドアの外はまだ謎だらけの迷宮なのだ。

＊3「亜原子粒子」：原子より小さい粒子の総称。そのうち，自身をさらに小さな粒子に分けられないものを「素粒子」と言い，さらに小さな粒子に分けられるものを「複合粒子」と言う

＊4「暗黒物質と暗黒エネルギー」：宇宙には，銀河の回転の仕方や，遠くの天体の動きなど，地球から観測できる天体の質量だけでは説明のつかない現象がある。暗黒物質と暗黒エネルギーはそれらを説明するために考え出された。暗黒物質は，光で観測できないが質量を持つ物質で，その質量に応じた重力（引力）作用を周りの天体に及ぼしている。一方，暗黒エネルギーは，重力とは反対の斥力（物質同士を反発させる力）をもつ謎のエネルギーで，宇宙の加速膨張を引き起こしていると考えられている。どちらもその正体はわかっていない

観測可能な宇宙

物理学の世界で意味をもつ最小の距離は 10^{-35} m。光はこの距離を 10^{-44} 秒ほどの時間で進む。一方，今君の体に降り注いでいる無数のマイクロ波の一部は，現在までに 10^{26} m 以上に伸びた距離を138億年かけて進んできた光だ。この極小と極大の間（10^{-35} m～10^{26} m）に，私たちが観測可能なすべてのものがある。私たちが知ることのできるすべて，と言ってもいいだろう（訳註：なお図の「大きさのスケール」や「時間のスケール」は対数目盛ではない）

10^{-10} 原子
化学物質の基本的な構成要素。私たちの体は 10^{27} 個ほどの原子でできている

10^{-7} ウイルス
生物の細胞に感染して生きる微粒子。地球には少なくとも 10^{31} 個のウイルスがいる。それらを全部つなげたら，1億光年もの長さになるだろう

10^{-20} クォーク
陽子，中性子といったハドロン物質（通常物質）を構成する基本粒子。質量，電荷，スピン，そして色荷（カラー）と呼ばれる性質を持つ

10^{-15} 陽子
陽子は（中性子とともに）原子核を構成している。静止している陽子の質量は電子の1,800倍以上ある

大きさのスケール（単位はメートル）

10^{-35}　　10^{-30}　　10^{-25}　　10^{-20}　　10^{-15}　　10^{-10}　　10^{-5}

プランク尺度
あまりに微小な領域のため，このレベルで起きることを記述するには量子重力理論という特殊な理論が必要になる。プランク尺度の大きさから，ほこり1粒の大きさまで拡大するには，ほこり1粒の大きさを観測可能な宇宙全体の大きさに拡大するのと同じ回数，10倍し続けなければならない

中間点
10^{-35} m～10^{27} m を対数スケールで表すと，0.1mm（10^{-4} m）の地点がちょうど中間点になる。「プランク尺度」対「0.1 mm」の比率が，「0.1 mm」対「観測可能な宇宙」の比率に等しいということだ

時間のスケール
空間と時間は密接につながっている。光の速度が有限なために，観測可能な宇宙では因果律（物事の原因と結果の関係）が保たれている

3.3ヨクト秒（10^{-24}）
光が陽子の直径を横断するのにかかる時間

0.33ピコ秒（10^{-12}）
光が0.1 mm進むのにかかる時間

地球から観測できない領域

10^{26}・観測可能な宇宙の半径

10^{21} 銀河

私たちは2,000億個ほどの恒星を持つ中規模銀河の中にいる。銀河は一番小さいものでも数百万個の恒星を含んでいる。最大規模の銀河には数兆個の恒星があるかもしれない

10^7 惑星

惑星型の天体は，直径が数百kmのものから10万kmを優に超えるものまでさまざまだ

10^{10} 恒星

恒星の直径は最小で10^8 m，太陽は10^9 m。最大の恒星は10^{11} mを超える

| 10^{-1} | 10^0
1m | 10^1
10 m | 10^5 | 10^{10} | 10^{15}
1光年 | 10^{20} | 10^{25} |

人間の日常経験の範囲

10^{-3} ～ 10^3

宇宙の規模から比べると，私たちはこんなに狭い幅の中にいる。顕微鏡や望遠鏡を使わずに生身の人間が認識できる範囲は，せいぜい数mm～数km。つまり，62桁ほどあるスケールのうちの6桁だけだ

観測可能な宇宙の果て

ここが宇宙の地平線。地球まで届く光のうち最も遠くから来た光は，かつてここから出発した。観測者は宇宙のどの場所にいても，その場所を基準にした宇宙の地平線（既知のものからなる球体）の中心にいる

3.3ナノ秒
（10^{-9}）

光が1m進むのにかかる時間

人間の一生は約25億（10^9）秒

500秒

光が太陽から地球まで届くのにかかる時間

1億秒
（10^8）

光が太陽からプロキシマ・ケンタウリまで届くのにかかる時間

100秒の1,000兆倍
（10^{17}）

光が宇宙の地平線から地球まで届くのにかかる時間

■宇宙から多宇宙へ

　実を言えば，宇宙の地平線の外側にも，しばらくは宇宙が続いているに違いないと私たちは考えている。ただ，そこから発せられた光は，およそ138億年飛び続けてもまだ地球に届いていない。それほど遠いところに，私たちが見ている部分よりはるかに大きな宇宙が広がっているというわけだ。観測された領域の時空の分析に基づく計算では，本当の「全」宇宙は，少なくとも宇宙の地平線の250倍先まで広がっている可能性があると言われている。また，宇宙のごく初期に，きわめて急激な膨張——インフレーション——があったとすると，宇宙は地球から観測できる領域の10^{23}倍も大きいかもしれないという説もある。

　もしそれが正しいなら，実は宇宙には，私たちが住むこの世界の「やり直し」とでも言うべき場所が無数にあるのかもしれない。つまり，やり直された世界の数だけ太陽系や惑星があり，私たちの知っている誰かに不気味なほどよく似た生き物までいる可能性があるということだ。

　これは，宇宙を舞台に運命のサイコロが何度も振られたということ——つまり，偶然の積み重ねによる宇宙の進化が何度も繰り返されて，地球が生まれ，そこでの歴史が再現されているかもしれないということ——であり，そう考えると少し気味が悪い。しかし，宇宙の基本的な性質とそこでの物質の始まりをめぐる仮説には，さらに奇妙な概念が隠れている。

　私たちが見ているこの宇宙の特徴——時空の「形」や，全天を見渡した時に比較的均一であることなど——を説明するために，科学者たちはインフレーション理論という仮説を持ち出した。宇宙のごく初期の頃，宇宙誕生の10^{-36}秒後という想像もつかないほど短い瞬間に時空の猛烈な急膨張が起き，それから宇宙の時計が10^{-32}秒まで進む間に宇宙は1兆の1兆倍より大きくふくらんだという考え方だ。これは，人類の計測器でこれまでに記録された最も短い時間間隔（およそ10×10^{18}分の1秒）の1,000兆分の1のさらに100分の1より短い瞬間に，君の皮膚にある小さな毛穴が天の川銀河の大きさまでふくらむようなものだ。

何かが変？　観測可能な宇宙の先のアナザーワールド

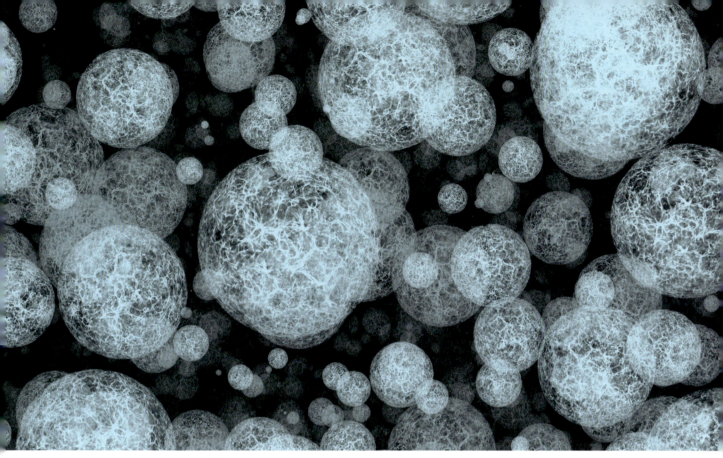

たくさんのポケット宇宙

　このインフレーションが引き起こしたことの一つとして，たくさんの「ポケット宇宙」が生まれたという説を一部の物理学者が提案している［p.13の図］。ポケット宇宙の数は，10の10乗の10乗の7乗[*5]個くらいあるらしい。あまりに多すぎて目がくらむほどだ。そこには私たちの宇宙とよく似た膨大な数の宇宙があり，さらに私たちの宇宙とは違う宇宙も膨大にあると考えられる。もしそれが本当なら，**その「多宇宙」の中には，この地球のすべての人の「コピー」がいる宇宙も，まったく正反対の価値観を持つ「悪魔の双子の片割れ」のような人がいる宇宙もあるのかもしれない**［p.12の図］。

＊5「10の10乗の10乗の7乗」：指数を使って書くと，こんな表記になる　　$10^{10^{10^{7}}}$

どういうことなのか，ちょっと頭がくらくらするが考えてみよう。多宇宙説によると，君が何かを選ぶ時——良い選択も悪い選択もあるだろうが——この世のどこか別の場所には同じ選択に直面している君が無数にいて，さまざまな選び方をしているという。たとえば，私の目の前にごみが落ちているとする。多宇宙のどこかには，そのごみを「拾うバージョンの私」が1兆人もいて，1兆個のごみを拾うのだ。でも，もしそうだとしたら，実際にこの私がこのごみを拾おうが拾うまいが，どうでもいいことのような気がしないだろうか？　もっと言うと，私たちの宇宙は無数にある宇宙の中の一つにすぎず，私たちが考えていたような唯一無二のものではないのなら，その宇宙の秘密をわざわざ私たちが解明する必要があるのだろうか？

いくら考えても今のところ答えは出てこない。とりあえずお茶でも飲んでひと休みしよう。

■はるかな地平線からの眺め

この本の旅路は，既知の範囲のうち，地球から最も遠いところから始まる。それが地球から10^{27}メートルの地点だ。そこから視野を10分の1倍に絞りながら，より小さな世界に降りていく。10^{27}メートルを選んだ理由は，今この時点での宇宙の地平線の直径（大きさ）が，約910億光年，すなわち860,951,000,000,000,000,000,000キロメートル（≒8.6×10^{26}メートル）という数字になり，およそ10^{27}メートルと見積もれるからだ。

勘のいい人なら，この数字を疑問に思うかもしれない。宇宙は誕生から138億年しか経っていないのだから，その時間内に光が進む距離より宇宙（910億光年）の方が大きいということがありうるのかと。その答えは，宇宙が大きくなっているから——つまり，時空が膨張しているからだ。その結果，今この瞬間の宇宙は君の予想より大きくなっているのだ。

私たちは，宇宙の地平線の様子を実際に地図に描くことができる。そのことを理解するために，138億年前に飛び出した光子の挙動と，宇宙空間にある物質との関係を少し説明しておこう。

今，宇宙は膨張するにつれて冷えていっている。それは，空間を飛び交う光子の波長が徐々に引き伸ばされて，エネルギーを失いつつあ

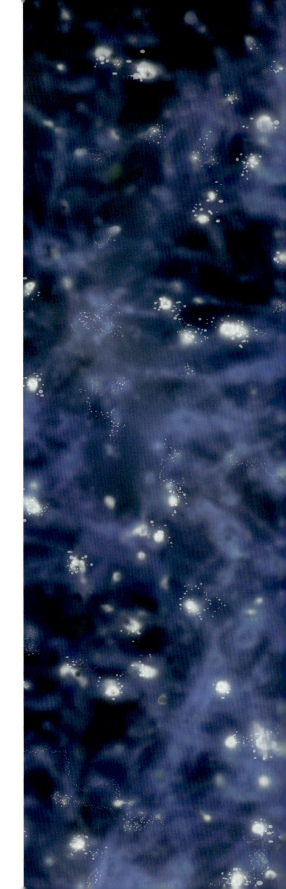

るからだ。もし私たちが時間をさかのぼることができたら，過去にいくにつれ宇宙がどんどん高温になるのがわかるだろう。宇宙の誕生から37万9,000年後くらいまでは，平均温度が約3,000ケルビン（2,700℃）を超えていた。これほどの高温では，電子は原子核に結合することができず，宇宙空間を飛び回っていた。一方，空間を進んで行く光子は，それらの自由電子に絶えず衝突して，散乱する。そのため初期宇宙は「霧」がかかったような状態で，光は遠くに届かなかった。

ところがそれから少し時間が経つと，宇宙の温度が下がり，電子が陽子と結合して，電気的に中性の水素原子を作るようになった。すると，光子が電子に衝突することがなくなり，可視光線がほとんど散乱しなくなる。こうして宇宙の「霧」が晴れ，光子はほかの粒子に邪魔されることなくまっすぐ進み続けるようになった。私たちは今も，その時の光子を見ることができる。ただし，光子の波長は，宇宙の膨張により非常に長く引き伸ばされているため，現在の宇宙には当時より長波長のマイクロ波の光が満ちている。実は，宇宙のあらゆる方向から検出されるこのマイクロ波のノイズこそ，宇宙の地平線を垣間見せてくれる光，「宇宙マイクロ波背景放射」だ。これが，私たちが見ることのできる一番遠いところからの光である。

人類が作った最も高感度の望遠鏡を使うと，宇宙の彼方にある最初期の恒星や銀河の様子を見ることができる（それも130億年も前の姿のままで）。それらは初期宇宙で始まった物質の凝縮によってできた。そのきっかけになったのは，膨張を始めた初期宇宙に存在した物質のわずかな濃淡の偏りだ。物質が多く偏った部分では，重力の作用でさらに多くの物質が引き寄せられていった。そうしてできた未発達の銀河から，成熟した数多くの銀河まで，私たちは宇宙の風景をいくつもの大地図に収めることに成功している。

その地図を見ると，宇宙は銀河の粒々からなる泡のような構造でできていることがわかる。洗面台やお風呂の水を抜いた時に，

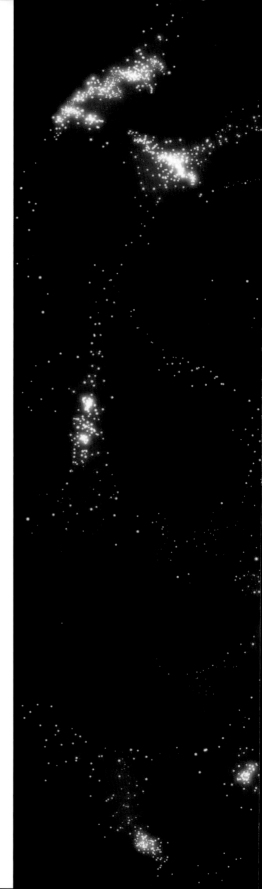

銀河団の集まり 10^{25} m

銀河がフィラメント状に連なって，宇宙の大規模構造をなしている

せっけんの泡の跡がいくつも残ることがあるが,宇宙の見た目はそれに似ている。暗い暗黒物質の部分と明るい物質の部分とが三次元の網目のように広がっていて,その輪郭が泡のように見えるのだ[p.17の図,10^{25}]。

　網目構造のところどころでは,時空の膨張よりも重力の作用が強く働いて,高密度に物質が集まっている。そうした場所には銀河の集団がさらに集まってきて,直径が1兆メートルの1兆倍,つまり1億光年にもなる超銀河団ができる。**超銀河団の内部には小さな銀河団がいくつもあり,重力が広く深く作用する井戸**

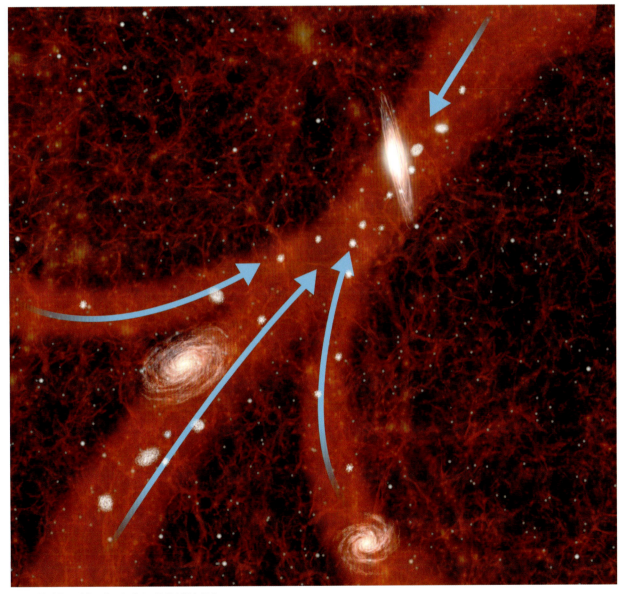

大きな構造物の重力の作用を受けて物質が流れ込む

のような空間に，数百，時には数千もの銀河がつなぎとめられている［p.21の図，10^{24}］。それらのすべてが大量の高温ガスのかたまりや冷たい暗黒物質とともに，中心部を幾重にも取り巻くように周回しながら，数千万光年にも渡って広がっている。

そこには小さな銀河もあれば大きな銀河もある。実に巨大な銀河もある。その銀河の内部には，恒星や星の残骸などの小さな凝集体がいくつもあるが，それだけではない。ほかの何よりも高密度に凝縮した天体，ブラックホールがある。私たちの太陽の10倍ほどの質量のものから，数百億倍もの質量のものまで，その大きさはさまざまだ。

驚いたことに，10^{27}メートルから出発して10^{23}メートルまで，10の指数がたったの4桁小さくなる間に，**私たちは観測可能な宇宙全体を見渡すところ**（宇宙の地平線）［p.7の図，10^{27}］から，**天の川銀河を取り巻く局部銀**

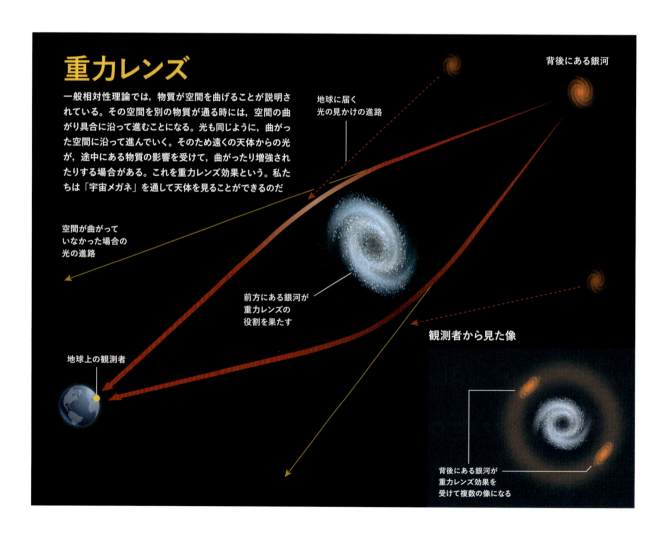

銀河が小さな点に見える **10²⁴ m**

河群のそば［p.23の図, 10^{23}］まで移動してきた。

　別の言い方をすれば，私たちは，この宇宙の万物（2,000億個以上の銀河）を含む広さから，地球の近くの銀河50〜60個の集団のあたりまで飛んできたことになる。頭の中で，1キロメートルの距離（君が軽く散歩するくらいの距離）と君のポケットにあるコインの大きさを比べてみよう。宇宙全体の大きさと私たちの局部銀河群の大きさの比率は，だいたいそのくらいだ。

　さて，君の宇宙の旅はまだ始まったばかりだ。次の章から旅の終わりまでには，10の指数がさらに57桁も小さくなる。準備はいいだろうか？　それではページをめくって，ズームインしよう！

大きさが4桁変わるうちに，宇宙の果てから局部銀河群のそばまでたどり着いた

私たちがいる
局部銀河群 **10²³ m**

2 銀河の中へ

■この章で見ていく範囲
10^{22} m ➡ 10^{18} m
約106万光年〜106光年：
天の川銀河の直径の約8〜10倍から, 巨大分子雲の大きさまで

　たとえば, 君がとてつもないパワーを持つ異星人だとしよう。君はそのパワーを使って, 天の川銀河にあるすべての恒星を一か所に集めてしまうことにした。銀河の中の恒星を全部たぐり寄せ隙間なく詰め込むと, 一辺が80億キロメートルくらいの立方体ができる。この一辺の長さは, 太陽系で言えば太陽から地球までの平均距離の54倍で, 海王星の公転軌道の長径より少し短いくらいだ。その程度の大きさの立方体に, 天の川銀河にある2,000億個ほどの恒星が全部入ってしまうのである。つまり普段の天の川銀河は, 恒星と恒星の間に広大な空間があり, すかすかなのだ。

　ただし, 現実にそんな立方体を作ろうとしても物理的に不可能だ。たぶんとんでもない事態になるだけだろう。何が起きるかと言うと, それほどの大質量を一か所に集めると, ブラックホールができてしまうのだ。なぜか？　それは莫大な数の恒星が集まるほど, 互いに引き合う力（万有引力）が強まるからだ。ただ不思議なことに, 天の川銀河の2,000億個以上の恒星と同じ質量を持つブラックホールがもしあるとしたら, その大きさは, 私たちが先ほど空想した立方体より146倍ほど大きくなる。

　超重量級のブラックホールの大きさを, その「一番外側の端」までで測るとすると, その密度は意外なことにかなり小さいのである（「一番外側の端」とは, 球状のブラックホールの全質量を取り囲む境界のことで, 「事象の地平線」という。そこより内側に入ってしまうと, どんな物でも決して戻って来られなくなることから, ポイント・オブ・ノー・リターン［帰還不能点］と呼ばれている）。直感的には理解しにくいかもしれないが, ブラックホールの大きさは質量に比例して増加する。つまり, ブラックホールに物質が集まって質量が2倍に増えると, 事象の地平線の半径も2倍になるということだ。

　これは普通の物質の場合とはずいぶん違っている。一例として, パン生地を想像してみよう。同じ大きさの2つのパン生地玉を1つにまとめて丸めると, その半径は, 最初の小さなかたまりの半径の2倍にはならず, 約26％だけ増える。なぜなら普通の物質の場合, 球体の半径の変化率は質量（体積）の変化率の立

左ページ：ブラックホールが物質を粉々にして光に変換する

ブラックホールのきわめて高密度な質量が時空を大きくゆがめる

方根になるからだ——つまり球体の質量を2倍にすると，半径は2の立方根（＝1.2599……）倍になり，約26％だけ大きくなる（なおこの時，2つの生地を合わせる前と後の密度は変わらないと考えている）。一方，ブラックホールの場合は質量の増加率に応じて半径も長くなるので，事象の地平線の内側にある物質の「平均」密度はどんどん小さくなっていく。もし太陽の30億倍もの質量を持つブラックホールがあったなら，その平均密度は，私たちが呼吸する空気と同じくらい薄いのだ！　とはいえ実は，このような計算は大きな誤解の元でもある。実際のブラックホールの質量は，事象の地平線の内側に均等に分布するのではなく，その中心部に隠された，無限大の密度のごく小さな範囲に集中することがわかっている。

　物理学の世界では，何かが無限大になるような特殊な領域のことを「特異点」と言うことがある。ほとんどの大銀河の中心部には大規模な特異点があり，私たちの予想に反する現象が頻繁に起きている。たとえば，**ブラックホール自体は確かに暗黒で，光も吸い込んでしまうのだが，ややこしいことに大量の光を放つことがある**［p.24の図］。ガス，ダスト，恒星，惑星，そのほか加速される物なら何でも，ブラックホールに近づきすぎると細かく引き裂かれ，高温になる。そしてそれらが帰還不能点を越える直前に，事象の地平線から外側にエネルギーが噴出する。回転するブラックホールに十分な量の物質が落ち込むと，核融合すら及ばないほどの高い効率で，質量がエネルギーに変わるのだ。宇宙で一番明るいブラックホールの中には，太陽の何百兆倍もの輝きを放つものもある。

　ブラックホールのように物質が極限まで密に集まると，最先端の科学者も驚く現象を引き起こす［p.26の図］。そして，そんなブラックホールの対極に位置する存在が，銀河の中の空っぽの部分だ。そこでも驚くべきことが起きている。

■なくてはならない無の空間

　たいていの人は，人生の中で一度くらいは「物理的な孤独」というものを経験するだろう。見知らぬ町で道に迷ったり，家で留守番をさせられたり，身内の誰かのいたずらで暗い森の奥深くに置き去りにされたりして，一人ぼっちになる経験だ。しかし，たとえどんな場所に迷い込もうとも，銀河間空間や星間空間（銀河と銀河の間，または星と星の間にある空間のこと。典型的な銀河には必ずある）ほど孤独を感じる場所はないだろう。星や銀河の「中間地帯」のようなその場所では，まったく何もない空間がどこまでも，どこまでも続いており，その末に，ようやく次の安息地である銀河や恒星が現れる。

　もし君が，天の川銀河の恒星間に取り残された哀れな宇宙ヒッチハイカーだとしたら，君の周りの希薄な星間空間には，君の体の1兆分の1の，さらに1億分の1くらいの低い密度でしか物質が存在しない。今，ちょっと君の小指の先を見てほしい。その先端部分には10^{23}個くらいの原子が含まれている。その数は，典型的な星間空間なら，約1億立方キロメートルの体積中に含まれる原子の総数と同じだ。

つまり，宇宙空間を広く見渡してみると，君はきわめて特別な存在だと言える。そう考えれば，旅の途中で何もない空間に取り残された時も，少しはなぐさめになるだろう。たとえば，君が観測可能な宇宙の地図を広げ，適当にどこかの場所を指差したとしよう。その時，その場所に君の体と同じくらいの量の物質がある確率はきわめて低い。ましてや惑星や恒星を指差すことなど，ほとんどありえない。

銀河の中は，こんな風に，奇妙なくらい空っぽだ。それがまた銀河のいろいろな面白い性質にもつながっている。たとえば，2つの銀河が衝突するところを想像してみよう——あと40億年もすれば，私たちの天の川銀河とお隣のアンドロメダ銀河の間で起こると予想される事態だ。そんな一大事の最中には，恒星同士が衝突することもあるのだろうか？　いや，それが衝突しないのだ。恒星と恒星の間の広大な空間に比べれば，恒星そのものはあまりにちっぽけだ。だから母体である巨大な銀河同士が重なり合ったとしても，恒星同士が実際に衝突することはまず考えられない。

2つの銀河が接近するとそれぞれの内部の物質が重力の作用で引き合うので，銀河の形や恒星の軌道がゆがんだり，大きく乱されたりすることはあるだろう。しかしそうしたことを除けば，小さな恒星たちは，まるで昆虫か鳥の群れがすれ違うようにお互いの隙間をただ楽々とすれ違っていく。

星間空間よりもっと極端に希薄なのが，銀河間空間だ。もしそんな場所で立ち往生してしまったら（たぶん君は天の川銀河から隣のアンドロメダ銀河を目指して，向こうみずな旅をしていたのだろう），その空間で君の体と同じくらいの量の物質を集めるには，君の体の100万倍以上の範囲の中を探し回らないといけない。

最悪の場合。銀河間の「超空洞（ボイド）」と呼ばれる一帯に入ってしまったら，君の体と同じ量の物質は，1,000万倍もの範囲に散らばっている。銀河間空間を見渡してみると，物質が網目のように分布している場所の内側に，光る物がほとんど見当たらない空間があるのがわかる。泡の内部のようなその空間が，宇宙のボイドと呼ばれる場所だ。ボイドは3,000万光年（3×10^{23}メートル）以上にわたって広がっている場合もある。そんな一帯の物質密度は，宇宙の平均密度の10分の1にも満たない。「空っぽが好き」という人でもなければ，気がめいるだけの場所だ。

とはいえ，ボイドは無用の代物というわけではない。むしろその反対だ。実は，重力を及ぼす物質がほとんどないボイドのような場所では，宇宙の膨張が少しだけ速く進む。その結果，まるでそこに「自動お掃除機能」でもついているかのように，ボイドの内側にあるあらゆる物質が空洞の縁にたまっていき，物質密度の高い周辺の銀河間空間に押し出されていく。このようにしてボイドは，銀河や恒星からなる明るい網目構造に物質を集めることに直接貢献しているのだ。

私たちの銀河が見える 10^{22} m

局部銀河群の内部

■私たちの（少し乱れた）銀河ファミリー

　もっと明るい銀河団や銀河群の中では、銀河間空間はやや狭いことが多く、だいたい300万光年（3×10^{22}メートル）くらいにわたって広がっている［p.30～31の図］。たとえば、**私たちの天の川銀河の中心から一番近い大銀河であるアンドロメダ銀河（メシエ31またはM31とも呼ばれる）の中心までがだいたいそのくらいの距離で、約250万光年（2.5×10^{22}メートル）だ**［p.32～33の図］。

　アンドロメダ銀河の周囲には、銀河からおよそ100万光年（10^{22}メートル）のところまで、薄い雲のようなプラズマ（正の電荷を持つガス状のイオンと、負の電荷を持つ電子）が広がっていることもわかっている。これをハローという。そこは物質が非常に希薄なため、人間の感覚では厳密な真空状態と区別がつかない。それでも、このガス状混合物には100万ケルビン弱の高温の成分が一部に含まれていて、水素とヘリウムのほかに炭素やケイ素もある。天の川銀河に同じようなハローがあるかどうかは、まだわかっていない。

　天の川銀河は、たくさんの小さなサテライト銀河（伴銀河）を従えた親銀河であることがわかっている。伴銀河の中で恒星の数が一番多いのは、有名な2つの不規則矮小銀河の大小マゼラン雲で、そこにはそ

れぞれ約300億個と約30億個の恒星がある。また，天の川銀河から約150万光年の範囲には，少なくともあと30個の矮小銀河があり，そのほとんどが天の川銀河を周回しているらしい。

　そしてもう一つわかっていることは，これらの銀河がただ安穏（あんのん）と存在しているわけではないということだ。矮小銀河の軌道によっては，重力の作用で内部の恒星が引き離され，天の川を取り巻く巨大な「潮汐（ちょうせき）ストリーム」に巻き込まれることがある。このような星ぼしのなす構造は，銀河の成長を理解するための手がかりになる。大銀河の中には，お供の小さな銀河たちを飲み込みながら，何十億年もの時間をかけて質量を増していくものがあるためだ。

　天の川銀河の周囲にある潮汐ストリームは，伴銀河の中のごく一部の恒星の集団が，銀河間の大きな隔たりをつなぐように引き伸ばされたもので，非常にぼんやりしている。それでも高感度の望遠鏡を使えば，その存在がデータに現れることがある。良い例がいて座ストリームだ。いて座ストリームは，多数の恒星が私たちの銀河の極と極を結び，ぐるりと取り囲むように伸びている大きなループ状構造だ。

潮汐ストリームは，天の川銀河の重力場の基本構造を知る手がかりにもなる。見方を変えれば，この星の連なる道筋は天然の重力探知機になる——数万〜数十万光年の範囲に，重力センサーがばらまかれているようなものだからだ。

　また，潮汐ストリームは，私たちの宇宙に重大な謎が残されていることを思い出させてくれる。天の川銀河のような構造体の中では，恒星やガス，ダストといった光を放つ通常物質は，その質量のごく一部にすぎないという事実である。この銀河には通常物質の10〜30倍もの暗黒物質があるのだ。

　ではその暗黒物質とは何なのだろう？　謎を解く方法の一つは，個々の銀河の挙動を研究することだ。今のところ支持されている見解によると，暗黒物質は，重力と「弱い力」による相互作用だけが働く一種の亜原子粒子であると考えられている。そしてこの物質は，電磁放射を反射も吸収もしない。

　そのような粒子は，おそらく1個1個が他の亜原子粒子に比べて重いと予想されている。こうした特徴を併せ持つ仮想の粒子として考案されたのが，「弱い相互作用をする重さのある粒子」という意味の「WIMPs（Weakly Interacting Massive Particles）」だ。WIMPsが存在すると仮定すれば，銀河や銀河団が作っているはずの重力場や，重力レンズの作用，それに宇宙マイクロ波背景放射のパターンといった，宇宙における数多くの観測結果のつじつまが合う。難点は，WIMPsがまだ一度も直接検出されていないことだ。地球上で数多くの実験が行われており，その探索が精力的に続けられている。ただもしかすると，宇宙に暗黒物質があるのではなく，私たちがまだ重力そのものの性質をよくわかっていないだけなのかもしれない。

■我らが天の川

　WIMPsが実在するかどうかはさておくとして，**私たちの銀河は，この宇宙でどんな風に物質が集合するのかを表す見事な標本だ。10万光年（10^{21}メートル）もの直径を持ち，可視物質と暗黒物質を合わせた総質量は，太陽の1兆倍にもなる**［p.35の図，10^{21}］。天の川銀河は，とにかくすごい存在なのだ。

　銀河が平べったい円盤のような形になるまでには，長い歴史がある——それは，重力による物質の降着，それらの物質が持っていたエネルギーの散逸，そして物質の角運動量の保存[*6]という3つの現象が関係するプロセスだ。

[*6]「**降着**」「**散逸**」「**角運動量**」：「降着」は，ある場所に何か（ここでは物質）が降り積もること。「散逸」は，まとまっていたもの（ここではエネルギー）が散らばって，どこかに行ってしまうこと。「角運動量」は，回転する物質が持っている運動エネルギーの大きさを表す指標。

宇宙空間に取り残された浮遊惑星。その地平線から，天の川銀河がのぼってきた 10^{21} m

「銀河動物園」

銀河は，動物の種のように分類することができる——さまざまな歴史があり，さまざまな割合で恒星やガス，星間ダストを含んでいるからだ。また，ここに挙げた銀河「種」は，その大きさや恒星の数という点でも大きく異なっている

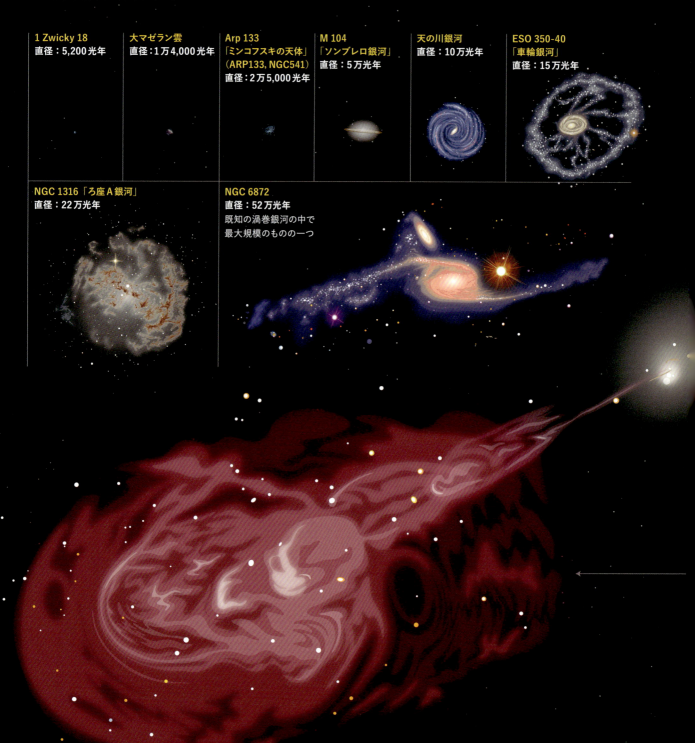

1 Zwicky 18
直径：5,200光年

大マゼラン雲
直径：1万4,000光年

Arp 133
「ミンコフスキの天体」
（ARP133, NGC541）
直径：2万5,000光年

M 104
「ソンブレロ銀河」
直径：5万光年

天の川銀河
直径：10万光年

ESO 350-40
「車輪銀河」
直径：15万光年

NGC 1316「ろ座A銀河」
直径：22万光年

NGC 6872
直径：52万光年
既知の渦巻銀河の中で
最大規模のものの一つ

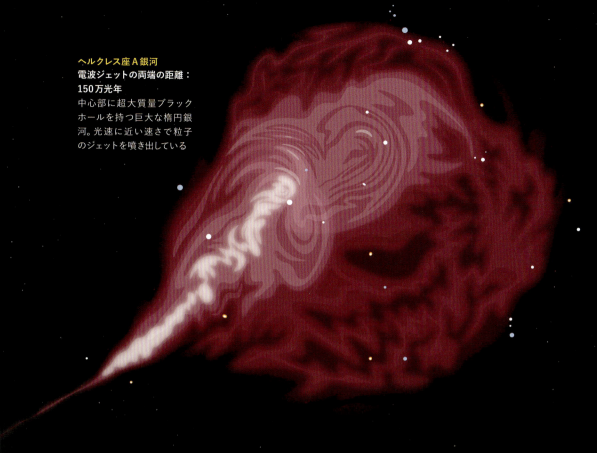

ヘルクレス座A銀河
電波ジェットの両端の距離:
150万光年
中心部に超大質量ブラックホールを持つ巨大な楕円銀河。光速に近い速さで粒子のジェットを噴き出している

IC 1101
直径：約600万光年
これまでに発見された中で最大の銀河。およそ100兆個の恒星を含む。地球から1兆270億光年離れたAbell 2029銀河団の中心部にある

比較のために
ヘルクレス座Aを
同じ縮尺で示す

銀河の衝突と恒星の潮汐ストリーム

現在の銀河には，銀河の過去についての手がかりが目に見える形で残されている。たとえば，**比較的古い恒星からなる銀河中央部のふくらみ（バルジ）**[p.40の図]。その部分にあるたくさんの恒星は，銀河のもう少し端の方にある恒星（たとえば，私たちの太陽のような）に比べて，互いの距離が近い。天の川の幾何中心の付近では，恒星の空間密度が劇的に高いのだ。中心から300光年の範囲では，太陽近辺のどの場所と比べても，体積あたりで100倍くらい恒星がある。もし君が銀河の中心部に接近して行ったら，恒星の密度がどんどん高くなるのがわかるだろう。最も高密度な場所では，私たちのいるあたりより100万倍も密に恒星が集まっている。

　もしそのような場所で恒星間の距離を測るのなら，光年よりも光週（約10^{14}メートル）という単位の方が便利だ。**そんな環境にもし惑星があったら，その空はまばゆい光の点で覆い尽くされているだろう。もし私たちが銀河の中心のあたりに住んでいたら，夜空にはシリウスと同じくらい明るい星が100万個もあって，私たちが見慣れた満月の200倍もの光があふれているはずだ**[p.42～43の図]。

　そんな天の川銀河のまばゆい中心部の奥深くに，謎めいた領域がある。ガスとダストと多数の恒星が銀河中心から数光年の範囲を取り巻き，リング状の構造を作っている。そしてそれらに隠れるようにして，「いて座Aスター（A*）」というブラックホールがある。このブラックホールは太陽の約400万倍の質量を持つ巨大な天体で，その周囲には，ブラックホールに降着する物質からなる渦巻き状の円盤がつなぎとめられているのだ。

　このブラックホールは，この銀河のある特定の領域を占めているにすぎない。我らが天の川銀河は，いろいろな物を混在させながら大きく伸び広がっており，2,000億個以上の恒星が，巨大な重力の井戸やダストの漂う星間空間の中を縫うように運動している。**この銀河のシンボルは，明るい渦巻き状の腕のような構造（渦状腕[*7]）だ**[p.41の図，10^{20}]。ここは，高温の恒星がまばゆい光を放ちながら生まれる，変化に富む領域だ。渦状腕は，銀河の円盤全体に散らばった恒星とガスの密度が，ゆっくり変化しながらさざ波のように伝わっていく運動と関係がある。このことからすると，天の川銀河の（そして，ほかの似たような銀河の）壮大な構造は，どこかつかみどころがなく，大規模でありながら比較的緩やかな物質の波が生み出すもの，と言えそうだ。

[*7]「**渦状腕**」：天の川銀河には，らせんを描きながら中心部に巻き込まれていくような形の渦状腕が複数あり，「じょうぎ腕」「たて-みなみじゅうじ腕」「いて-りゅうこつ腕」「オリオン腕」「ペルセウス腕」「はくちょう腕」などと名前がついている。地球を含む太陽系は，この「オリオン腕」の中にある

天の川銀河の中で，私たちがいるあたり——銀河の中心から2万6,000光年（2.5×10^{20}メートル）の場所——では，恒星は2億3,000万年ほどで銀河をひとまわりする軌道を描いている。私たちの太陽は今，20周目の旅（つまり，20「銀河年」）の途中にあると考えられている。ただし，太陽系の近くにあるほかのすべての恒星も，太陽とまったく同じように動いているわけではない。銀河の星ぼしは，個々に少しずつ乱れながら飛ぶ鳥の群れのようなものなのだ。

左：銀河の中心部に接近
42〜43ページ：もし天の川銀河の中心近くに惑星があったら……

天の川銀河のオリオン腕を見下ろす 10^{20} m

天の川銀河の外縁部。まばらな恒星と星雲, 浮遊惑星

　地球に近いいくつかの恒星は, それぞれ毎秒数十キロメートルの速さで別々の方向に動いている。この運動が続くことで地球の周囲の状況は変わっていくだろう。つまり, 今は私たちの近くにある恒星も, 100万年後はそうではないかもしれない。現に, **46億年前に私たちの太陽とともに誕生し, 星団を作っていたはずの多くの恒星は, 今どこにあるのかわかっていない。今でもどこか別の場所でかたまっているのかもしれないし, 遠く離れ離れになっているのかもしれない** [p.48の図]。

オリオン腕に突入 **10^{19} m**

スペース・タイムマシン

地球の光は人類の歴史を乗せ，宇宙へと飛び出していく。天の川銀河のご近所さんたち──近隣の恒星からアンドロメダ銀河まで──は，その光が通り過ぎていく時に，人類の物語の断片を目撃している

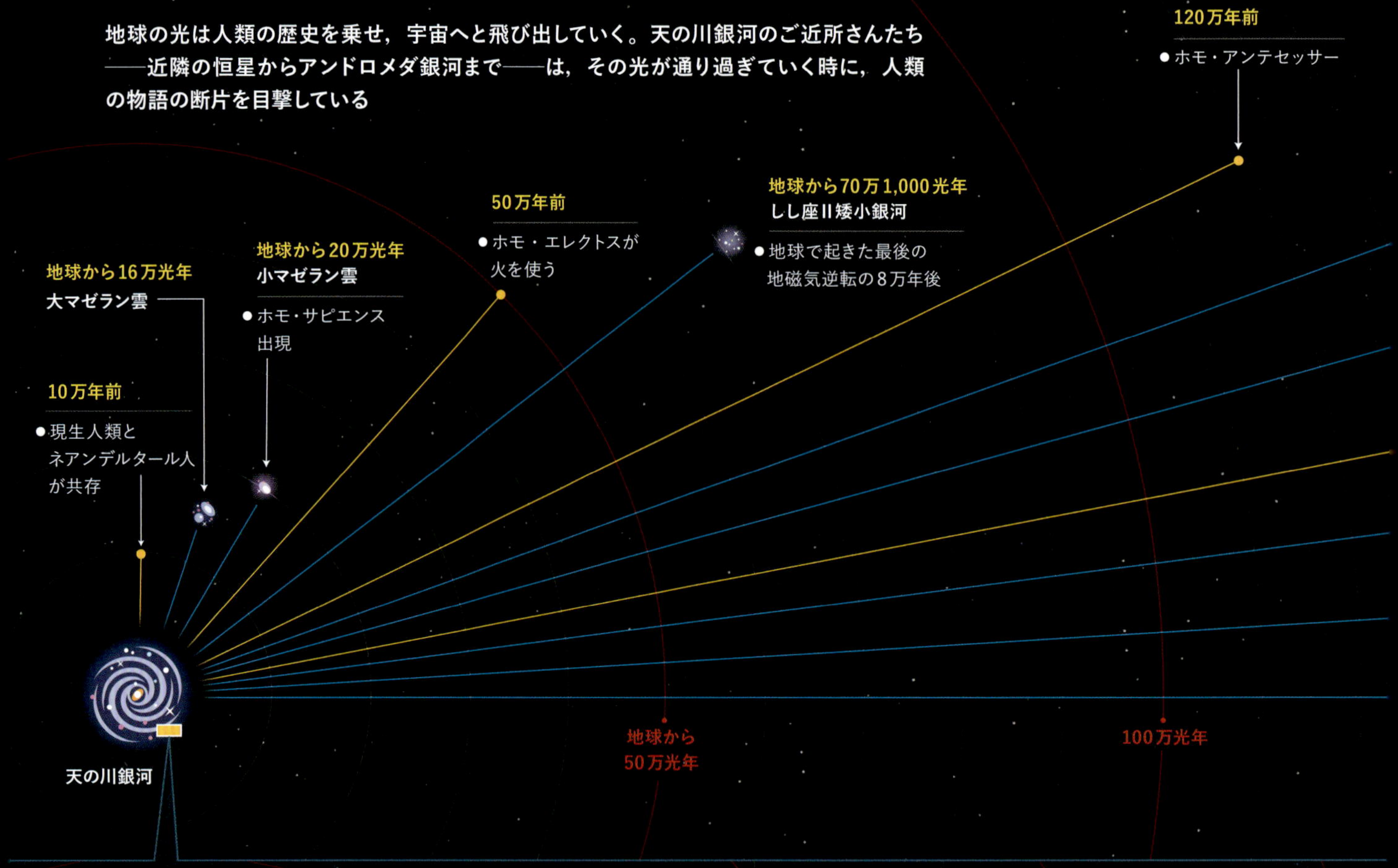

120万年前
- ホモ・アンテセッサー

地球から70万1,000光年 しし座 II 矮小銀河
地球で起きた最後の地磁気逆転の8万年後

50万年前
- ホモ・エレクトスが火を使う

地球から20万光年 小マゼラン雲
- ホモ・サピエンス出現

地球から16万光年 大マゼラン雲

10万年前
- 現生人類とネアンデルタール人が共存

天の川銀河

地球から50万光年

100万光年

拡大図

地球から100光年の範囲におよそ1万個の恒星がある

過去100年間の出来事──2度の世界大戦，物理学や生物学，遺伝学の画期的進歩，宇宙探査，数々の発見，社会の変化，芸術や音楽など──は何千個もの恒星の周りにいる生命体に，ことごとく目撃されているかもしれない

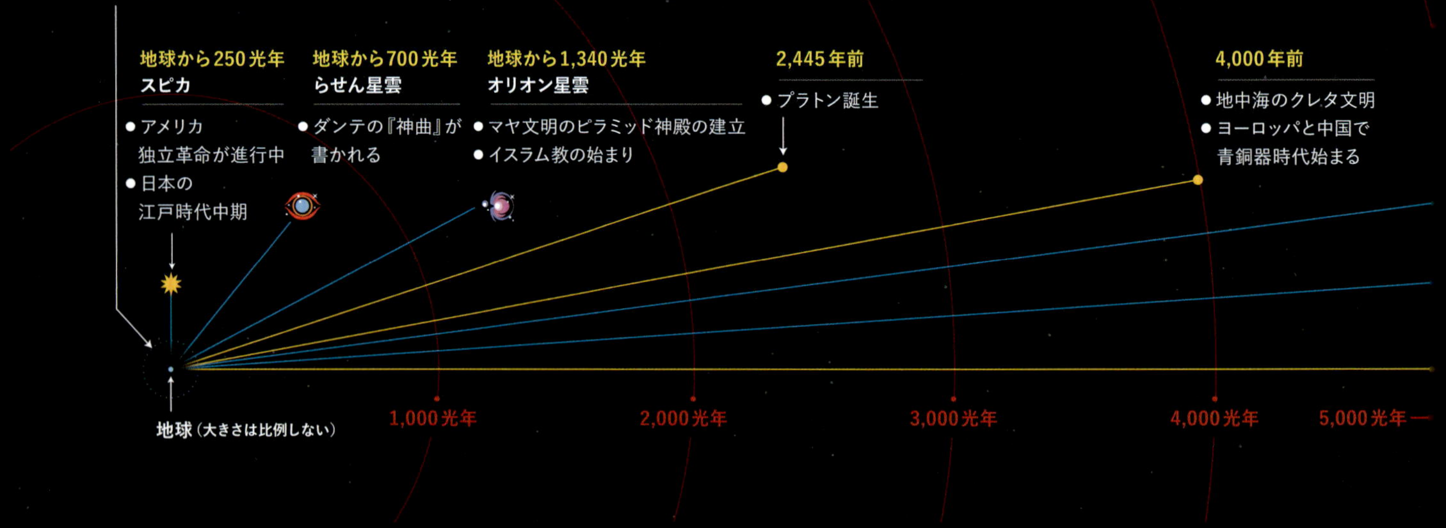

地球から250光年 スピカ
- アメリカ独立革命が進行中
- 日本の江戸時代中期

地球から700光年 らせん星雲
- ダンテの『神曲』が書かれる

地球から1,340光年 オリオン星雲
- マヤ文明のピラミッド神殿の建立
- イスラム教の始まり

2,445年前
- プラトン誕生

4,000年前
- 地中海のクレタ文明
- ヨーロッパと中国で青銅器時代始まる

地球（大きさは比例しない）

1,000光年　2,000光年　3,000光年　4,000光年　5,000光年

地球から144万光年
フェニックス矮小銀河
- 石器(ハンドアックス)の使用
- ホモ・ハビリス絶滅
- ネバダ州のマクレラン・ピーク溶岩流

地球から163万光年
バーナード銀河
- 中国の藍田原人(ホモ・エレクトスの亜種)
- 地磁気逆転
- 石器が存在

地球から200万光年
銀河NGC 185
- 巨大肉食動物の多様性減少
- 判明している中で最大級のイエローストーン大噴火から10万年後

190万年前
- ホモ・エレクトス出現

地球から220万光年
銀河NGC 147
- ホモ・ハビリスが道具を使う
- 太陽系のそばを超新星残骸が通過

地球から256万光年
アンドロメダ銀河
- 更新世始まる
- 氷期が繰り返し訪れるようになる
- アウストラロピテクスが活動

150万光年　　200万光年

地球から6,500光年
かに星雲
- 約500年後にインド・ヨーロッパ祖語が出現
- ビールの醸造

地球から9,000光年
超新星ティコの残骸
- 旧石器時代終わる
- 中国でイネの栽培
- 完新世の始まり

1万年前
- 当時の全人口約400万人

6,000光年　　7,000光年　　8,000光年　　9,000光年　　1万光年

今，私たちは天の川銀河の中の，わりと平凡な場所にいる。地球から50光年以内にある恒星のうち130個くらいは夜空に肉眼で見え，望遠鏡を使えば，さらにその10倍以上をおぼろげながらも見つけ出せる。それは大した数ではない。簡単に制覇できそうな，とても狭い範囲のようにすら思える。それでも私たち人類は，あと4万年[*8]くらい経たないと，一番近くの恒星にすら行くことができない。その意味では，私たちは星ぼしの空間に浮かぶ孤島のような存在なのだ。

君が旅を続けるうちに，そこが訪れる価値のある島かどうかがわかるだろう。

[*8]「**あと4万年**」：1977年にNASAが打ち上げた2機の無人宇宙探査機の一つ，ボイジャー1号は，2012年に太陽圏を飛び出し，星間空間を飛び続けている。地球から一番遠いところにある人工物だ。もしこのまま何事もなく飛び続けると，約4万年後，ボイジャー1号はきりん座のAC +79 3888という恒星の近く（と言っても1.6光年離れたところ）を通ると予想されている。また，もう一機のボイジャー2号も，2018年に太陽圏から星間空間に飛び出したことが確認された

46億年前に太陽と同時期に誕生した恒星たち

太陽は
まだよく見えない **10**^{18}$_m$

3 太陽系ができるまで

■この章で見ていく範囲

10^{17} m ➡ 10^{14} m

約10光年〜92光時（668天文単位 [au]）：
星雲のおよその大きさから，オールトの雲の内縁の大きさまで

　君を形作っている無数の原子は，50億年前には，今の君の体の1,000万倍くらいの範囲に散らばっていた。これは君の周りのあらゆる人，あらゆる物にあてはまることだ。君が手にしているこの本から，冷蔵庫にある食べかけのチーズ，そして通りの向こうの騒々しいお隣さんまで，すべてがそう。そして，太陽系にあるごつごつした小惑星や月，惑星などの天体，それに核融合を起こしている太陽そのものも同じようにしてできた。

　私たちは皆，かつては虚空の星間空間に散らばっていた。君の体の細胞のどれか1つを取り出して，その中にある長さ1.8メートルのDNA鎖を見てみたら，そのどこかには，宇宙の歴史が始まって以来，初めて隣り合わせになった原子たちがきっといるはずだ。

　では，どのようにしてそうなったのだろう？

　簡単に言えば，私たちは皆，凝縮したのだ。つまり，1兆の10億倍の空間に分散していた多数の原子と分子が，宇宙の基本的な物理法則の働きによって引き寄せ合ったということだ。

　さまざまな相互作用（重力，電磁気力，それに量子力学と亜原子物理学がもたらす力）が複合的に働いた結果，あらゆる小さな部品がいつしか集まって，恒星や惑星，月，ごつごつした小惑星，騒々しいお隣さん，冷蔵庫のチーズ，そして君とこの本になっている。

私たちの身の回りや，太陽系の惑星と太陽があるあたりは，物質の集まり方という点で，現時点の宇宙の中でもやや特殊なところだ。ここは規則正しく，しかもかなり複雑な構造の物質群が生まれる世界だ。**宇宙の物質の4つの基本状態──固体，液体，気体，プラズマ──が共存できる領域でもある**［p.52〜53の図］。その上，人間という手仕事好きの小さな生物がいるせいで，この宇宙の片隅には本来存在しないはずのさまざまな物理状態が作られたり，再現されたりしている。たとえば，粒子衝突型加速器で発生する

物質の状態

物質の構成要素──イオン，原子，分子──は，まとまり方や振る舞い方に違いがある。私たちはそれを物質の「状態」または「相」と呼ぶ。顕微鏡レベルのスケールで起きる事象が，それより大きなスケールのまったく違う振る舞いの原因になることも多い──氷や鉄の固さ，液体の流れ，中性子星の奇妙な振る舞いなどがそうだ

標準状態

固体
構成要素が密に詰まり，要素同士の空間的な位置関係が固定されている。ただし例外として，熱によるわずかな振動はある。固体の実例としては，金属，ダイヤモンド，氷のような規則的な結晶質固体がある。非定型的な固体としては，ある種のポリマー，プラスチック，石炭，それにガラスなどのアモルファス（非晶質）固体がある

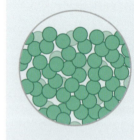

液体
構成要素は密に接しているが，要素の位置に決まった規則性はない。液体は形を変えて流れることができる

エキゾチックな状態

ボース＝アインシュタイン凝縮
ヘリウム原子などが多数集まってできた物体を絶対零度付近まで冷却すると，すべての原子が凝集して，1個の量子的な物質になることがある。ボース＝アインシュタイン凝縮と呼ばれるこの状態では，個々の原子の区別はなくなり，どの原子も一つの「超原子」の一部になる。適切な条件下では，光子でさえ，ボース＝アインシュタイン凝縮体になりうる

超伝導体
ニオブなどの元素を9.3Kまで冷却すると，電気抵抗がゼロになり，電子がいつまでも流れ続けるようになる。電子は閉じたループの中で永遠に循環し続ける。中性子星には超伝導性の部分があると予想されている

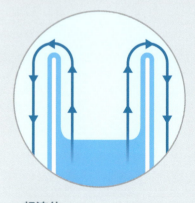

超流体
粘性がなく，永久に流れ続ける液体。つまり超流体をかき混ぜると，そのまま永遠に回り続ける。冷却した超流体ヘリウムは，容器の壁を登ったり，分子サイズの穴から漏れ出たりもする。超流体はボース＝アインシュタイン凝縮や超伝導性と関係があり，中性子星に存在する可能性がある

クォークグルーオンプラズマのような超高エネルギー状態や，実験室で作られるボース＝アインシュタイン凝縮などの超低エネルギー状態，極低温での超流体や超伝導体など，例を挙げればきりがない。

気体
構成要素の圧縮が可能な流体。要素同士の密な接触はなく，自由に運動している。気体は粘度が低く，空間いっぱいに広がる

プラズマ
正の電荷を持つ原子核（陽イオン）と負の電荷を持つ電子が，ばらばらに飛び交っている状態。プラズマは通常の気体と共通の特性を持つが，陽イオンが存在するために電気伝導性がある

凡例：物質の構成要素

原子

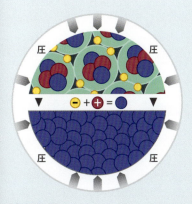

縮退物質
物質をきわめて高密度または低温にすると，その構成要素（たとえば電子）は量子としてのエネルギー準位の低い方に一斉に移ろうとする。しかし，低いエネルギー準位に入る数には限りがあるため，一部は高エネルギー状態のまま残される。この状態を「縮退」と呼ぶ。縮退状態になった構成要素は，「縮退圧」という外向きの圧力を発生させる。中性子星では中性子が縮退を起こす。中性子星が内向きに崩壊してブラックホールにならないのは中性子の縮退圧があるためだ

クォークグルーオンプラズマ（QGP）
1兆Kを超える高温の，クォークとグルーオンからなる液体のような状態。初期宇宙や粒子加速器の内部において，陽子と中性子が融合してこの流体になることがある。QGPは摩擦がほぼゼロの流体だが，高温域では気体になる場合もある

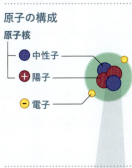

原子の構成
原子核
— 中性子
— 陽子
— 電子

原子核の構成
● ● ● クォーク
∥ ∥ ∥ グルーオン

■宇宙物理学の世界

　私たちの太陽系は今から50億年ほど前に凝縮によってできたが，それが宇宙で初めて起きた凝縮というわけではない。宇宙は今から138億年前に高温高密度の小さな点として始まり，そこから膨張していった。当時の宇宙はきわめて均一で変化に乏しい場所だったが，完全に均一というわけではなかった。そのために，宇宙全体は膨張を続けているにもかかわらず，とくに不均一だった部分が凝縮し始めたのだ。

　でもいったいどうすれば，宇宙の膨張に逆らうことができるのだろう？　その答えは，重力の作用である。この宇宙には，不完全さの一例として，物質の密度が周辺領域の平均より少し高い場所が存在していた。物質の密度が十分に高ければ，自己重力（一定範囲にある質量同士に働く引力）によって宇宙の膨張に耐えられるようになる。この「引力」（質量が周囲の時空を歪ませて発生する力）が宇宙規模で起きている膨張の動きに打ち勝った時，暗黒物質や通常物質が凝縮し始めたのだ。

　ただし自然は複雑である。通常の物質であるガスの凝集[*9]（互いに落下し，降り積もる，と言った方がいいかもしれない）が起きる時には，重力による位置エネルギーが熱エネルギーに変わる。つまり，温度が高くなる。

---

*9 **「ガスの凝集」**：初期宇宙の空間には，始原ガスと呼ばれる気体と暗黒物質が満ちていた。始原ガスは，ほとんどが一番軽い元素（つまり水素）と，その次に軽い元素（ヘリウム）からなる。このガスが凝縮を起こしたことが，宇宙での最初の星形成につながった

宇宙で最初に誕生した恒星たち

その結果，物質を凝縮させようとする重力と，引き離そうとする熱エネルギーの圧力がせめぎ合うようになる。そんな中でもうまく条件が揃い，すばやく冷却されると，重力の作用で物質が凝縮してきわめて高密度になることができる。

　宇宙誕生の直後には，何が起きたか解明されていない時期が1億年ほどある。その頃，**のちに超巨大な恒星に成長する幼い星が形成されるなど，銀河形成の初期段階が進行していたと考えられている。初期宇宙で誕生したこれらの恒星は，この世で初めて重元素が生成された重要な場所になった**［p.54の図］。そして，**その恒星が年老いていき，膨張して爆発すると，元素が再び星間空間にまき散らされた**［p.56の図］。

　十分な栄養供給があって初めて苗木が育つように，重元素がまき散らされるとさまざまな方法でガスの冷却（新たな凝縮や凝集の妨げになる熱エネルギーを奪うこと）が起こるようになり，それ以後はかなり多様な大きさの恒星ができるようになった。

　一部の恒星は最終的に超新星として爆発して終わるが，それもまた凝縮と拡散の間で揺れ動く星間物質を速やかに集めるきっかけになる。超新星爆発が起こると，ガスと粒子からなる激しい衝撃波が猛スピードで星間空間を駆け抜けるので，その衝撃で不安定になった物質が新たに凝縮するようになるからだ。

　こうしてできた最初の塊がきっかけとなって，物質が姿を変えていく一連のサイクルが動き出し，以来ずっと続いている。つまり，まず星間物質が集まり，一部がどんどん密に凝縮して恒星になる（惑星の大きさの天体もできる）。恒星の高温の中心部で核融合反応が起き，段階的に重い元素が作られていく。そして数百万〜数十億年が経った頃，それらの恒星からさまざまな元素の混合物が再び星間空間へとまき散らされるのである。あとにはたいてい恒星の燃え殻が残る。それは，白色矮星や中性子星[*10]，ブラックホールなどだ。超高密度に凝縮したこれらの天体は，ほとんどの場合，物質の終着点になる。そこに閉じ込められた物質は永遠に（どれほど長い時間が過ぎようとも）その場にとどまり続ける。

　宇宙の百数十億年の歴史の中で何千億個もの恒星が生まれ，このようなサイクルが無数に繰り返されるうちに，星間空間は徐々に重元素で「汚染」されていく。とはいえ，それはかすかな汚れにすぎない。宇宙の最初期から存在する膨大な水素とヘリウムに比べれば，新しい元素たちの量は今でもごくわずかだ。私たちの身の回りにある炭素，酸素，窒素，ケイ素，そしてその他のすべての重い元素は，通常物質の1〜2％強くらいしかない。そのほとんどはガス状で，星間空間または銀河間空間にまばらに散っている。

[*10]「中性子星」：太陽の8〜30倍ほどの質量を持つ恒星が燃え尽き，超新星爆発を起こしたあとに残る天体。星の成分がほぼ中性子であることからこの名がある。半径10数kmの小さな天体だが，太陽と同じくらいの質量を持ち，「スプーン1杯の重さが数億トン」という超高密度になっている。この星では，超伝導や超流体（p.52参照）といった物質のさまざまな奇妙な振る舞いが見られると予想されている

恒星の爆発

宇宙にはごく微量のダストもある。ダストとは直径が1マイクロメートルの10分の1に満たない微粒子のことで，ケイ酸塩や，炭素の豊富な化合物からできている。古い恒星を取り巻くガスや，恒星本体の成分が超新星爆発の際に吹き飛び，急速に凍結してできた残骸に含まれている。

　天の川のような銀河の渦巻の中には，こうした星の材料が高密度に集まって星雲のように見えている場所がある。それは，銀河の円盤全体に点在する分子雲[*11]である。何千か所もの星雲領域のうち最も大規模な場所——大星雲——では，今現在もあちこちで凝縮による新たな星の形成が活発に起きている。星雲は銀河の中を軌道を描いて漂い，時には互いに引き寄せ合って衝突し，そのかなり「汚れた」成分を含む破片を再びまき散らしている。

　私たちは今や，太陽系形成の前史をかなりの程度まで推論できるようになった。その手がかりは，地球からきわめて遠い宇宙と地球の近くの宇宙の両方を研究することから得られている。さらに，過去の驚くべき姿をとどめている極小の世界の研究（地球に落ちてきた太古の隕石に入っている元素と放射性同位元素の成分分析）からも重要な知見が見つかっている。

　こうしてわかったことを全部つなぎ合わせると，次のようなとびきり興味深い物語になる。

■過去から現在へ

　昔むかし，今から45億年以上前のこと。**天の川銀河にある一つの星雲で，少し密度の濃い部分が内向きに収縮し始めた**［p.60の図］。おそらくすぐそばの星が爆発した衝撃で，重力の均衡が崩れたのだ。そこでは，同じ星雲の中に，星が誕生しつつある場所と消滅へのプロセスがかなり進んだ場所が共存し，新しい恒星や間もなく恒星になる天体がいくつも同時期に生まれていた。中には寿命の短い大質量の恒星もあった。その恒星の中心部で核融合の連鎖反応が急激に進んだあげく，超新星となって爆発したのだ。

　星雲の密度の濃い場所では，ガスの圧力により，物質が集まりにくくなる。その上，星雲内部には星間磁場というつかみどころのない力も働き，星雲の均衡を保っている。それでも，これらの力に重力がわずかに打ち勝つと，加速度的に多くの物質が降り積もるようになった。

　このように，凝縮という現象は，基本的には重力，角運動量，熱力学などの諸法則にのっとっているが，まとまりのない無秩序な挙動もよく引き起こす。宇宙物理学者にとっては目の離せない瞬間がいくつもある。

　そこでは物質が降り積もる時の形と構造が重要な意味を持つ。まず，ガスとダストの混合物が集まり始めると，中心部に丸い核ができ，徐々に大きな球体になっていく。それと同時に，周辺部には平たく広がりながら回転する巨大な円盤ができる。この円盤は激しく変化し続けており，端の方が分厚くなっている。ガスとダストは，この円盤に巻き込まれながら中心核に集まっていく。円盤の上部と下部からも，まるで両

[*11]「**分子雲**」：水素分子（H_2），一酸化炭素（CO），アンモニア（NH_3），水（H_2O）などの比較的単純な分子が高密度に集まった場所。星の形成が活発に起きることから「育星場」「星のゆりかご」などと呼ばれることもある

数十億年前,直径10^{17}mに及ぶ太陽誕生の場

側に巨大な漏斗でもあるかのように,星雲内の新たな物質が降ってくる。円盤は,その半径が,現在の太陽から地球までの距離の数百倍になるまで成長することもある。

　中心核は高速回転する高温ガスの球体だ。そのままの状態が続けば,大きく成長しながら回転速度がどんどん上がっていき,ついには崩壊してしまうだろう。ところがたいていは,渦を巻いて流入する物質と,徐々に恒星のような姿に変化していく中心核との複合作用によって,新たに南北の極が生まれ,加速された高温の物質がそこから噴き出すようになる。この変化は,ほんの数万年ほどで終わる。

現在の太陽 10^{17} m

太陽系の「卵」：ガスとダストがこぶ状に密集している

　天文学者は，これを原始星ジェットと呼んでいる［p.62の図］。ビームのように噴き出すこの粒子の束は，1光年かそれ以上の長さに達することがある。噴出する物質は，衝撃波を発生させ，高温の表面からまばゆい光を放ちながら星雲の中を突き進んでいく。このジェットが中心核の制御に一役買っている。中心核は自らを崩壊させるほどの角運動量を持っているが，ジェットの発生によりいくらか抑制され，核が収縮する方向に働くのだ。

現在の太陽に近づく **10¹⁶ m**

原始星から宇宙空間に放たれる長さ 10^{15} m のジェット

　一方，中心核を取り巻く物質の巨大な円盤は，絶えず形を変え続けている。円盤の奥深くでは，温度と化学組成の異なる物質が何層にも重なり合った下で，ダストと分子からなる小さなかけらが無数に誕生している。最初は非常に細かく，ガスの渦に翻弄される微粒子にすぎないが，気流にもまれるうちに段々と周辺物質が結合し，加速度的に粒が大きくなっていく。肥大するこの凝集物——綿ぼこりのようなものもある——は，数センチから数メートルに，さらにそれ以上になる。斜面をころがり落ちる雪玉のようにふく

現在の太陽が
見えてくる **10^{15} m**

直径10^{14}mの原始星円盤の晴れ上がり

れ上がり,大きくなればなるほど一層多くの物質が集まっていく。この過程が止めどなく進むと,数万年後には直径数百キロメートルになる場合もある。私たちはそれを微惑星や原始惑星と呼んでいる。

　円盤の表面には,長期間にわたり激しい紫外線が降り注ぐ。ほかの若い恒星や,高温の原始星の中心核から光が届くからだ。その紫外線には物質を蒸散させる作用がある。

　このようにして物質の凝集と蒸散が同時に展開するうちに,ガスとダストが分厚く広がっていた巨大な

惑星間（黄道帯）のダストにかすむ太陽。
手前には惑星形成で残された小惑星がある 10^{14} m

太陽系の誕生

星間空間で凝縮により恒星と惑星ができる──つまり，物質が集まって圧縮されていく。これは単純なプロセスではない。重力は熱エネルギーと電磁エネルギーに対抗しなければならず，二つとして同じ恒星系はできない

誘因
おそらく超新星爆発による衝撃波の伝播などによって，大星雲の一部で重力の均衡が崩れ，物質が内側に沈降して円盤状になる

1 暗黒星雲

太陽系の星雲が収縮する

20万au

2 重力による収縮
時間：0

中心部で恒星が誕生する

円盤内で惑星ができる

1万au

原始星ジェット
高速で噴出する高温物質

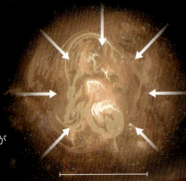

円盤の内側は高温のため，金属質または岩石質の物質のみが凝縮できる

円盤の外側は低温のため，水の氷や二酸化炭素の氷などができる

原始星
徐々に成長する中心部の球体にガスとダストが降り積もる

純粋なガスの円盤

恒星までの距離（au*）

0au　0.03au

*au＝天文単位：地球から太陽までの距離（約1億5,000万km）

太陽と惑星の生まれる場
原始惑星系円盤では，物体の構築，流動，そして活発な反応が巻き起こっている。大きく広がった形状と光輝く中心部の恒星により，蒸散作用と化学反応の起き方や温度が異なるさまざまな領域が生まれ，惑星の組成と成長に影響する

3 原始惑星系円盤
10万〜300万年

ガスとダストからなる構造が数百万年もの長期にわたって存在した可能性がある

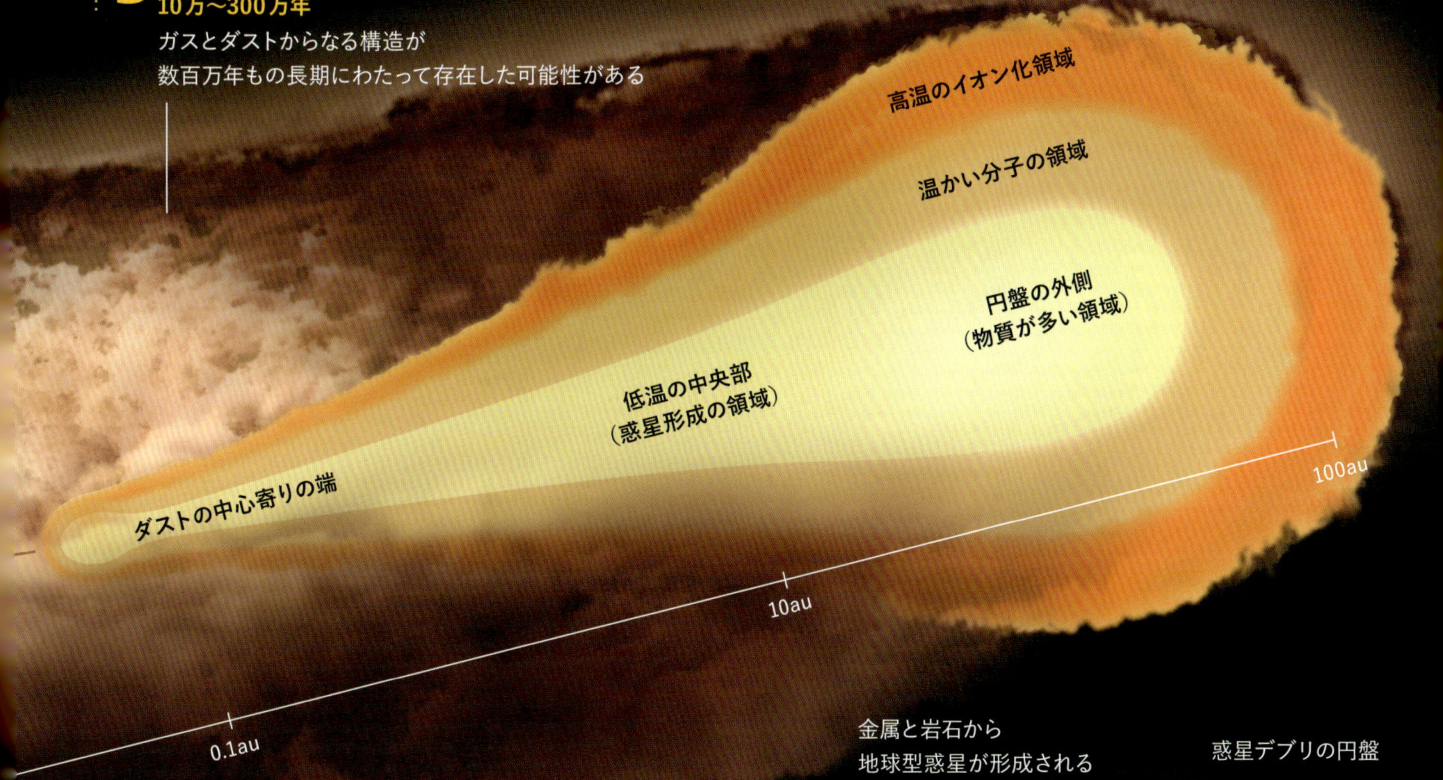

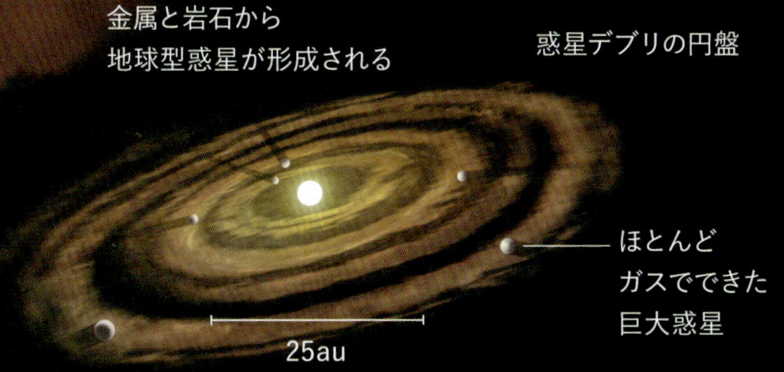

高温のイオン化領域

温かい分子の領域

円盤の外側
（物質が多い領域）

低温の中央部
（惑星形成の領域）

ダストの中心寄りの端

100au

10au

0.1au

私たちの惑星系
ほとんどのガスは，蒸散するか，または凝縮して惑星になる。ダストと固形物の塊が周回しながら融合と衝突を繰り返し，互いの運動を攪乱する。惑星系は常に未完成で，変化し続けている

4 巨大惑星
300万〜5,000万年

金属と岩石から地球型惑星が形成される

惑星デブリの円盤

ほとんどガスでできた巨大惑星

25au

5 若い太陽系
5,000万年

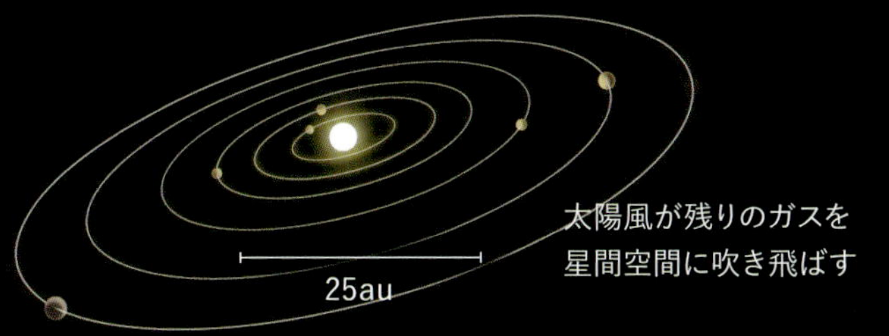

太陽風が残りのガスを星間空間に吹き飛ばす

25au

円盤は，いくつかの固形の天体と散り散りの原子や分子からなる，まばらな集合体に姿を変える［p.66〜67の図］。原始星の中心核からかなり遠くの低温領域には，惑星系の「凍結線」が現れ，水が氷になり始める。氷は，大きな天体が生まれるために必須の材料である。この一帯で，木星，土星，天王星，海王星などの巨大な天体が誕生するのだ。そしてもしかすると，この領域ではほかにも，いくつかの巨大惑星の卵が生まれていたかもしれない。それらは大きな天体になる前にどこかに行ってしまったのだろう。

　同じ頃，中心部にできた深い重力の井戸の底では，凝縮した物質が収縮の臨界点に達しつつある。この原始星の内部温度が100万ケルビン以上に上昇していき，さらに1,000万ケルビンに達すると，中心部で核融合反応の最初の火がともり，本物の恒星が誕生する。

　星雲の物質が最初に降り積もり始めてから，ここまでにおよそ1億年の時が経過した。この原始星がガスでできた核にすぎなかった頃からの経過時間は，もっと短い（約10万年）。宇宙の基準からすると，恒星と惑星の誕生はほんの一夜の出来事なのだ。

　そして太陽系にある惑星の形成，とりわけ地球の形成についての物語は，まだこれからだ。**地球を始めとする岩石質の内惑星は，これから誕生プロセスの終盤に向かう。原始惑星同士が何度も激しくぶつかり合う，荒っぽい仕上げの段階に入るのだ**［p.68〜69の図］。

　惑星の形成は無秩序かつ確率論的（一定のパターンがなくランダムであること）に起きるプロセスで，未解明の問題が数多く残されている。たとえば，この太陽系では，水星の軌道の内側に未発達の惑星が存在した時期があったのだろうか？　地球の水はどこから来て，どういう理由で今のような量しかないのだろう？　火星はなぜ，あの小ささで終わったのか？　それぞれの惑星軌道がほぼ円形なのはなぜだろう？　月は本当に巨大衝突でできたのか？　太陽系の一番外側の一帯には，どのような惑星が隠れているのか？

　このような問題が解決されれば，私たちの起源や，私たちが宇宙において凝縮によってできた過程がよく理解できるばかりか，何兆個もあるほかの惑星系の成り立ちをめぐる物語もわかってくるだろう。そこが重要なところだ。なぜなら，宇宙のスケールをめぐる旅を続けるうちに，私たちはこの旅の最大級の謎の一つに迫ろうとしているからだ。それは，私たちの太陽系とほかの惑星系は何が違うのか，という難問である。

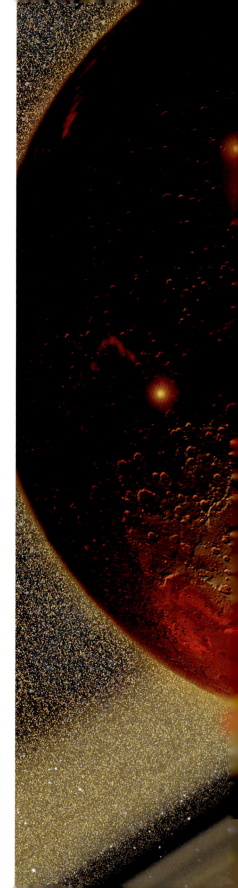

地球に集まる原始惑星のかけら

4 惑星, その多彩な顔

■この章で見ていく範囲

10^{13} m ➡ 10^9 m

およそ9.3光時～100万キロメートル:
地球と冥王星の距離の約2倍から, 地球と月の距離の約3倍まで

　よく晴れた日の夜, 外に出て, 懐中電灯を夜空に向けて振ってみよう。それから部屋に戻って一晩ぐっすり眠る。翌朝には, 君が宇宙に向けて放った光子は, もう100億キロメートル (10^{13}メートル) くらい先を旅しているはずだ。

　懐中電灯を灯してから9時間と少し, ぐっすり眠った君は, いわば宇宙の測量技師だ。君が宇宙に放った光は, 先端に光子を付けたメジャーのように伸びていき, 時々刻々と正確な距離を刻み続けている。今頃はとっくに**海王星の軌道** [p.72～73の図, 10^{13}] を越え, 惑星の地位を剥奪されたあの**遠い氷と岩石の天体** (冥王星) [p.74の図] すらも, 20億キロメートルも後方に置き去っている。

　この10^{13}メートルという距離の範囲に, 私たちの太陽系に属する主要な惑星[*12]の軌道半径が収まっている。私たちが毛むくじゃらの霊長類だった頃から何十万年も見つめてきた, すべての惑星がそこにある。私たちの肉眼では太陽系の惑星が全部見えるわけではなく, 海王星と天王星は何か観測機器を使わなければ見えないが, 木星, 土星, 火星, 金星, 水星は, 虫からヒヒまで, 視力に恵まれた地球上の生命ならいつでも誰でも見ることができる。

　このように太陽系では, 太陽を中心とする半径10^{13}メートルの空間内に, 太陽よりはるかに小さな惑星が複数散らばっている。なお, 宇宙のほかの場所が, どこも太陽系と同じようになっているわけではない。天の川銀河を見渡すと, 太陽系の惑星の軌道間隔と同じくらいの狭い間隔の連星系が見られることがある。それも恒星同士の連星だけではなく, 三重連星や四重連星, 恒星と白色矮星やブラックホールの連星, 中性子星同士の連星など, 風変わりな組み合わせがいろいろ見つかっている。超大質量ブラックホールの事象の地平線――宇宙で最強の特異点――が, このくらいのスケールを丸ごと占拠している場合すらある。

[*12]「惑星」: 太陽系では, 8つの大きな天体 (水星, 金星, 地球, 火星, 木星, 土星, 天王星, 海王星) が惑星である。太陽の周りを回る天体には, これらのほかに準惑星と小惑星がある。海王星の外側にある冥王星もかつては惑星に分類されていたが, 2006年の国際天文学連合総会で「準惑星」という新たな分類区分に変更された

海王星より遠い準惑星の
エリスから見た海王星の軌道 10^{13} m

衛星カロンが浮かぶ冥王星の空。おぼろげに見えている太陽は44億km以上も彼方にある

青い海王星が浮かぶ衛星トリトンの空。ぶ厚く凍った地表から，間欠泉のように窒素が噴き出している

　宇宙をこのくらいのスケールで見てみると，通常の物質とエネルギーが密に凝縮して，さまざまな光景を作り出している。それは独特な眺めだ。私たちが旅の途中で見てきたように，最初のうちは恒星や惑星のもとになる星間ダストが 10^{13} ～ 10^{14} メートルの広さに散らばっているが，やがて物質同士が重力の作用で密集する。その後，余った物質がエネルギーを受けて吹き飛ばされてしまうと，あとには広大な空間が残される。

　その空間に点在しているのが惑星だ。惑星は鉄，岩石，水，そしてガスが降り積もってできている。宇宙で生物の次に多様で複雑な物体が惑星かもしれない。同じものは二つとない。**宇宙空間を通るそれぞれの軌道だけでなく，自転の速さや向き，大気，雲，かすみなどの成分，層構造，海や大陸の有無，そしてどろどろに溶けた内部の様子まで，あらゆる特徴がことごとく多様なのだ**［p.79の図］。

　そして今，20世紀後半から続くテクノロジーと天文学の著しい進歩の結果として，天の川銀河の中に少なくとも恒星と同じ数の惑星があることが明らかになっている。これはおそらく宇宙全体についても言える。いや，同数どころか，もっと多いかもしれない。**宇宙には無数の系外惑星があるのだ**［p.76～77の図］。

　そのうち，地球と同じくらいの大きさで，化学的組成や温度の状態も似ていそうな惑星は，どのくらいあるだろう［p.76～77の図］。統計学的な推計では，太陽系外にある恒星の15 ～ 40%がそんな惑星を持っているとされている。これは驚くべき試算だ。観測可能な宇宙全体では，生命がいても不思議でない岩石質の天体が，優に1兆の10億倍個もあるかもしれないということになる。

　途方もない数だが，小さな岩石質の地球型惑星は，存在すると考えられているさまざまなタイプの惑星

系外惑星

天の川銀河のほとんどの恒星には，その周囲を回る惑星がある。それらの系外惑星を記録していくと，宇宙との関係における私たちの太陽系の位置づけが見えてくる

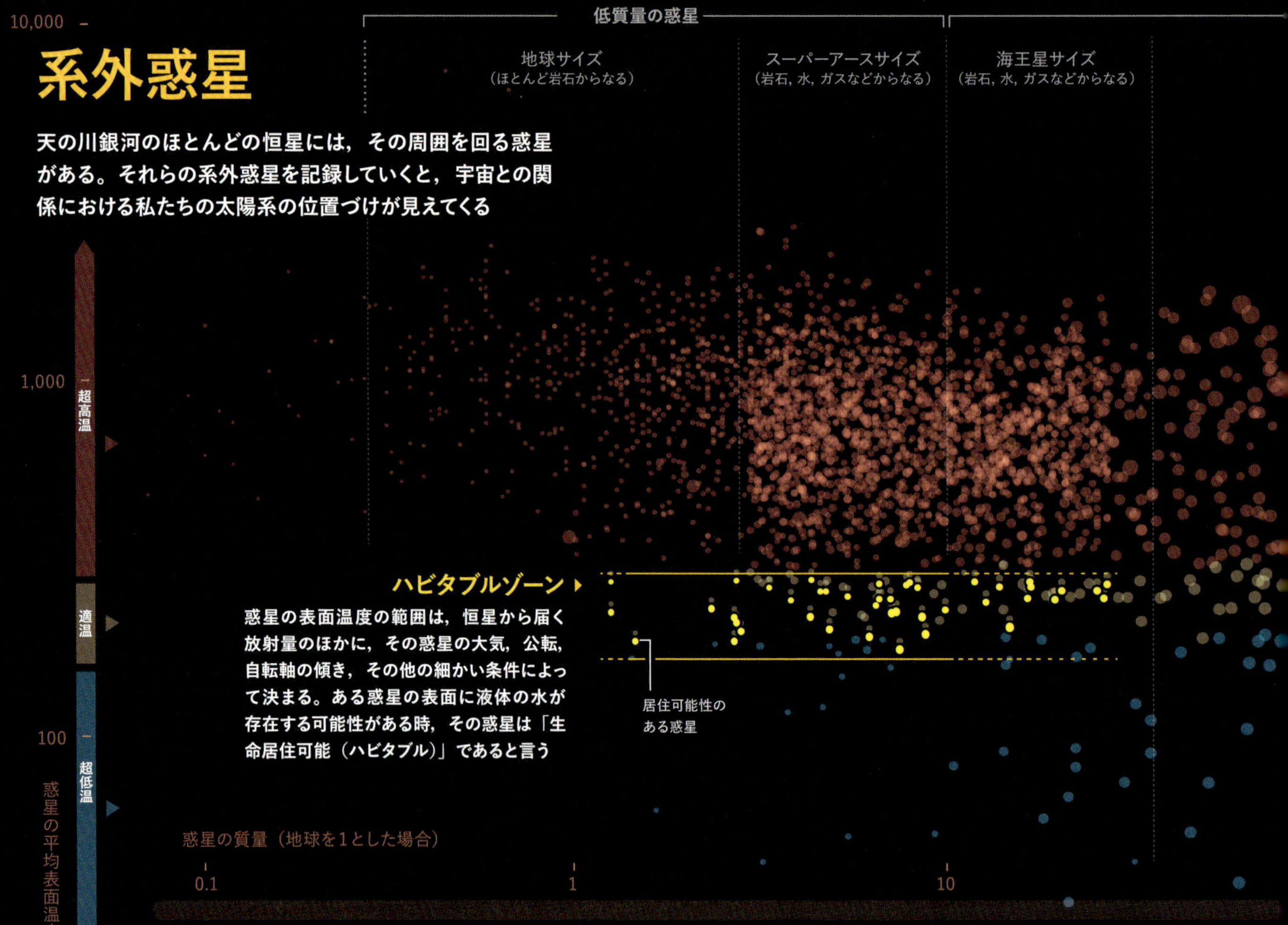

低質量の惑星

- 地球サイズ（ほとんど岩石からなる）
- スーパーアースサイズ（岩石，水，ガスなどからなる）
- 海王星サイズ（岩石，水，ガスなどからなる）

惑星の平均表面温度（K）

- 超高温
- 適温
- 超低温

ハビタブルゾーン ▶

惑星の表面温度の範囲は，恒星から届く放射量のほかに，その惑星の大気，公転，自転軸の傾き，その他の細かい条件によって決まる。ある惑星の表面に液体の水が存在する可能性がある時，その惑星は「生命居住可能（ハビタブル）」であると言う

居住可能性のある惑星

惑星の質量（地球を1とした場合）

ユニークな太陽系

系外惑星の軌道距離を推計した生データ（○）を見ると，たいていの惑星系では，私たちの太陽系に比べて主星（半円の中心部）にかなり近い位置に惑星があることがわかる。これは観測バイアスを補正しても同様である。私たちの太陽系には，このような内寄りの惑星がないこと，そして木星のような巨大な外惑星があることから，典型的な惑星系とは言えないことがわかる

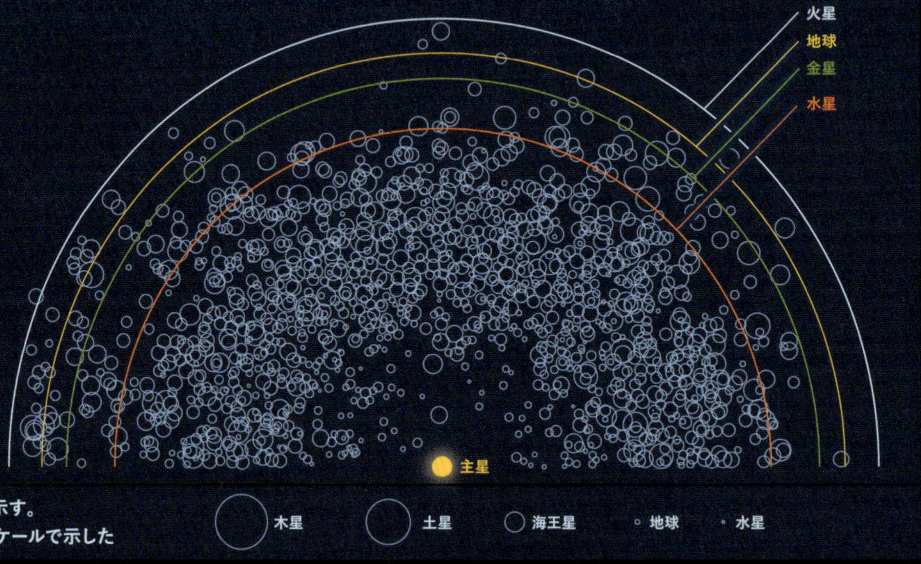

- 火星
- 地球
- 金星
- 水星

主星

右に相対的な星の大きさを示す。
中心部からの距離は対数スケールで示した

木星　土星　海王星　地球　水星

大質量の惑星

木星サイズ
(ほとんどガスからなる)

1,000

10,000

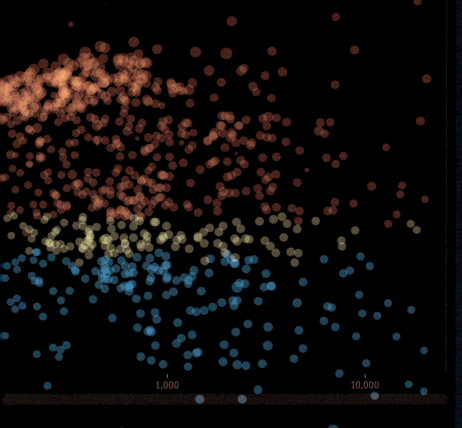

居住可能性のある系外惑星

居住可能性についての基本的特徴を満たす系外惑星の数が増えている。中には私たちの地球に近い惑星もある

1,528

発見数の推移

 地球の大きさ

8
1998　2016

 プロキシマ b
地球から4光年

 カプタイン b
13光年

 ウォルフ 1061 c
14光年

 グリーゼ 667 Cc
22光年

 ケプラー 186 f
561光年

 ケプラー 1229 b
770光年

 ケプラー 442 b
1,115光年

 ケプラー 62 f
1,200光年

系外惑星（2016年11月30日現在）

惑星候補天体の総数	**5,454**
惑星と認定された天体	**3,544**
複数の惑星からなる系	**597**
地球以下の質量の惑星	**12**

ケプラー宇宙望遠鏡

地球から最も近い系外惑星の可能性も？　プロキシマ・ケンタウリbでは，主星である赤色矮星のフレア活動の影響で，空一面にオーロラが発生しているかもしれない

　の一つにすぎない。そのほかにも，恒星に匹敵するほどの大きさの惑星や，それ自体が別の惑星の衛星になっている惑星もある。**重力の作用で，自身を生んだ恒星の周回軌道をはずれ，冷たい星間空間の彼方を漂っている惑星すらある**［p.44の図］。そんな「荒野の一匹オオカミ」型の惑星は，ぶ厚い氷の外殻と水素からなる大気の下に，大量の温かい水を隠し持っているかもしれない。生まれた時から何十億年も抱き続けている内なるオアシスだ。

　たくさんの巨大ガス惑星もある。その中には，表面を覆う大量の始原ガス（水素とヘリウム）の内側に，鉄と岩石からなる密な中心核を持つものがある。そんな惑星は，恒星から何十億キロメートルも離れたところを周回しているせいで，外側は冷たいが，内部は猛烈な高温かもしれない。その内部圧力が生み出す物質の状態は，惑星表面に暮らすか弱い人類にとっては想像を絶するものに違いない。たとえば，木星型の巨大ガス惑星の内部はきわめて高圧なため，水素が金属的な性質を帯びることがある。金属水素は，私たちが実験室で再現しようとしてもほとんど不可能な物質状態だ。そんなものであるにもかかわらず，太陽系にある惑星の全質量の，最も大きな部分を占めている。

惑星の分類

惑星の組成と内部構造は多様である。比較的大きい惑星は，どれも内部の成分が重力の作用で分かれて層になっている。表面は宇宙環境の影響を受ける。熱い惑星から冷たい惑星まで，さまざまな種類がある

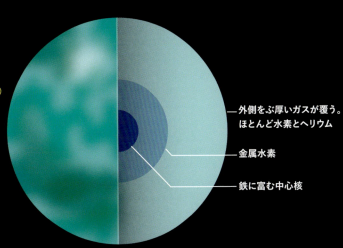

ホット・サターン（パフィー・プラネット）
大きさ：超巨大
例：HAT P-1b

密度がきわめて小さい。大気は恒星からの放射と磁場による熱で膨張している

- 外側をぶ厚いガスが覆う。ほとんど水素とヘリウム
- 金属水素
- 鉄に富む中心核

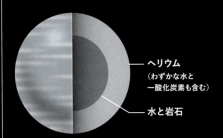

- 水素分子とヘリウム，メタンなどの化合物のガス
- 岩石と鉄と氷の中心核
- 「暗黒」水素
- 金属水素

ガスジャイアント（巨大ガス惑星）
大きさ：大　　　　例：木星

内部はまだよくわかっていない。中心部の圧力と温度は，それぞれ4,000万気圧，4万Kを超える

- 大気（水素分子，ヘリウム，メタン）
- マントル（水，アンモニア，メタン，氷）
- 岩石と氷の中心核

アイスジャイアント（巨大氷惑星）
大きさ：やや大　　　例：海王星

典型例の海王星は質量が地球の17倍，半径が4倍弱

- ヘリウム（わずかな水と一酸化炭素も含む）
- 水と岩石

ヘリウム惑星／温暖なネプチューン
大きさ：やや大　　例：グリーゼ436b

主星の近くを周回するアイスジャイアントから水素が蒸発してできたと考えられる

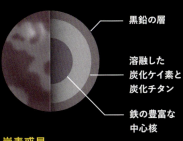

- 黒鉛の層
- 溶融した炭化ケイ素と炭化チタン
- 鉄の豊富な中心核

炭素惑星
大きさ：中　　　例：かに座55番e

炭素が豊富で酸素が乏しい原始惑星系円盤の中で形成される。ダイヤモンドの層が含まれているかもしれない

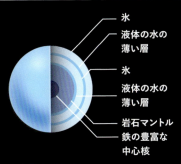

- 氷
- 液体の水の薄い層
- 氷
- 液体の水の薄い層
- 岩石マントル
- 鉄の豊富な中心核

氷惑星／氷衛星
大きさ：やや小　　　例：ガニメデ

水が凍って厚い層をなし，その間に液体の水の層が1つまたは複数ある。水の層は岩石マントルと潮汐の作用で温められている

- ごく薄い岩石マントルの層
- 鉄の豊富な中心核

鉄惑星
大きさ：小　　　例：ケプラー10b

もともと岩石質の惑星だったものが，小惑星の衝突で砕けた可能性がある。急激に冷えたと考えられる

フレア活動中の恒星を周回する地球型惑星では，至るところでオーロラが光る

　天の川銀河全体で見ると，数は少ないものの，恒星のすぐ近くを周回する巨大惑星もある。その大気はまさに灼熱状態で，酸化チタンや鉄の雲ができ，金属の雨を降らせている。超音速のジェット気流がいくつも吹き荒れており，気候の過酷さはさながら地獄のようだ。このような惑星がどうやってできたかについては，まだわからないことがある。この大きさ——地球の数百倍の質量——の惑星が，今見つかっているその場所で形成されたということは単純にありえない。つまり，惑星の位置が変わったのだ。できて間もない頃に，原始惑星系円盤の複雑な重力作用を受けて大移動を起こしたあげく，主星の近くに押しやられたか，または同じ惑星系内の別の惑星の重力により，まるで「惑星ピンボール」のように恒星付近の軌道にはじき飛ばされたのだ。

　またほかには，鋼鉄のように固く凍った水の層と，炭化水素（主にメタン）を含む大気を持つ巨大氷惑星がある。炭素や水がきわめて豊富な惑星もあるのではないかと考えられている。さらには，地球より大きく海王星より小さい，スーパーアースという惑星がある。私たちの太陽系には見当たらないが，全恒星の約60％の周りをそんな惑星が回っている。それらの中には，私たちがよく知るどの岩石質の惑星ともまったく違うものもあるようだ。たとえば，溶融したマグマの塊を高温の水素ガスが薄く覆っている惑星もある。

このような系外惑星を新たに宇宙の地図に加えたり，太陽系を探索したりしていると，私たちの地球がただ一つの「最も重要な惑星」であるという先入観など崩れ去ってしまう。私たちがどこに目を向け，どこに出かけて行こうとも，そこには必ず何かしらの活動や複雑な構造があるのだ。たとえば，土星の衛星であるタイタンには，窒素と炭化水素からなる濃い大気の層がある。表面温度が平均93ケルビン（−180℃）という寒さだが，それでもそこには季節がある。半球全体が夏と冬を繰り返していることから，地表にあるメタンの湖が干上がったり，その後にまた炭化水素の雨が降って元通りになったりと，蒸発と凝集の大きな周期が繰り返されているかもしれない。太陽から遠く離れた冥王星でも，凍った地表全体に，山や氷河，氷火山など，変化に富む風景が広がっているのだ。

■もうすぐそこに

　私たちが観測しているほとんどの惑星は，アインシュタインの相対性理論で説明される宇宙の曲がった時空の中──恒星の重力が生み出す巨大な「井戸」の内側──で個別の軌道をたどっている。**人類にとって，これらの惑星の軌道図は，ほかの何よりも宇宙を象徴する図だ**［p.82〜85の図，10^{12}, 10^{11}］。ただし実を言えば，あの軌道図は私たちの想像の産物である。複雑な宇宙を理解しやすくするために，推測に基づいて描かれた想像上の図形なのだ。

　天体の軌道は実は一種の近似値であり，恒星や惑星の運動を平均化したものにすぎない。現実の惑星系は重力の作用で複雑な様相を呈している。恒星が別の恒星に引力を及ぼしたり，惑星と惑星が引っ張り合ったりしているし，惑星が従えている衛星同士も互いに引き合っている。天体に作用する力は，どの瞬間もこうした引力の総和である。つまり，1つの天体に作用する複数の力が合計されているのだ。

　こうした複雑な作用があるために，惑星系はもともとカオス*13的であって，何億年，何十億年と経つうちに軌道がゆっくり変形していくことがある（この現象はカオス的拡散と呼ばれている）。こうした変化を細かく予測することはそもそも不可能だが，今後の筋書きとしてどんなものがありえそうかを想定することはできる。惑星の位置や速度にわずかな変化があると，たとえほんの数ミリメートルどちらかにずれただけでも，10億年後の未来はまったく異なる姿になるかもしれない。アインシュタインの相対性理論に基づく影響は，典型的な惑星の速度と質量に対してはごくわずかにすぎないが，それでも運動中の天体の挙動を変化させることには変わりなく，宇宙の歴史を決める要因になるのだ。

---

*13「**カオス**」：ある時点でのほんの小さな違いが，最終的にまったく予想もつかない大変動を生み出してしまうことがある。そうした現象をカオス，そのような性質を帯びていることをカオス的という。惑星運動のように3つ以上の物体が相互作用する場合や，気象の変化など，さまざまなスケールでカオス的現象が見られる

太陽系の内側にある岩石惑星の軌道。
外から順に, 火星, 地球, 金星, 水星　**10^{12} m**

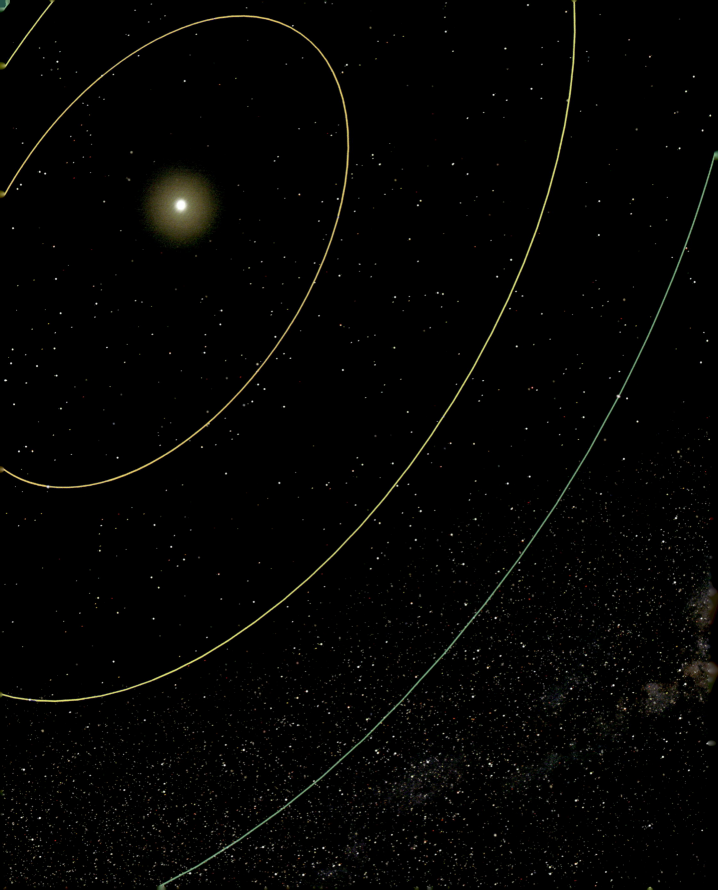

（左から右に）
水星, 金星, 地球, 火星の軌道

10^{11} m

炎と氷：木星の衛星イオ（左ページ）とエウロパ（上）で木星の重力が引き起こす潮汐現象

　惑星にとっては潮汐力の影響も重大だ。潮汐力は，惑星の各地点でかかる力の大きさが異なるために生じる。惑星に近くの別の天体からの重力が及ぶ時，同じ惑星でもその天体に「近い」側と「遠い」側でかかる重力の大きさが異なる。それは，重力と距離が「逆2乗の法則」[*14] の関係にあるため，この違いが潮汐力となる。長年にわたる潮汐力の影響で，長楕円軌道が円軌道に変わることがある。これは惑星の運動エネルギーが徐々に失われ，惑星内部の摩擦熱に変わることが原因だ。

　太陽系のディテールのかなりの部分が，潮汐力によって形作られている。多くの衛星は同期回転（自転周期が公転周期に一致すること）しているが，それは潮汐力の産物だ。また，**イオの活火山** [p.86の図]，エンケラドス，**トリトン** [p.75の図]，それに太古の冥王星にあったとされる氷の火山，そして**エウロパ** [p.87の図]，ガニメデ，タイタンなどを始めとする多くの天体にあると予想される暗い地下の海も，ほとんどが潮汐力によってできたものだと考えられている。

[*14]「逆2乗の法則」：2つの物体の間に働く引力の強さは，両物体間の距離の2乗に反比例する。このように，「距離の2乗に反比例する（＝距離の2乗の逆数に比例する）」という性質のことを「逆2乗の法則」と言う。引力のほかに，空間を進む光の強さ，静電気や磁力の大きさといったさまざまな物理量がこの法則に従うことがわかっている

地球の軌道の道筋と
月の軌道のループ **10^{10}m**

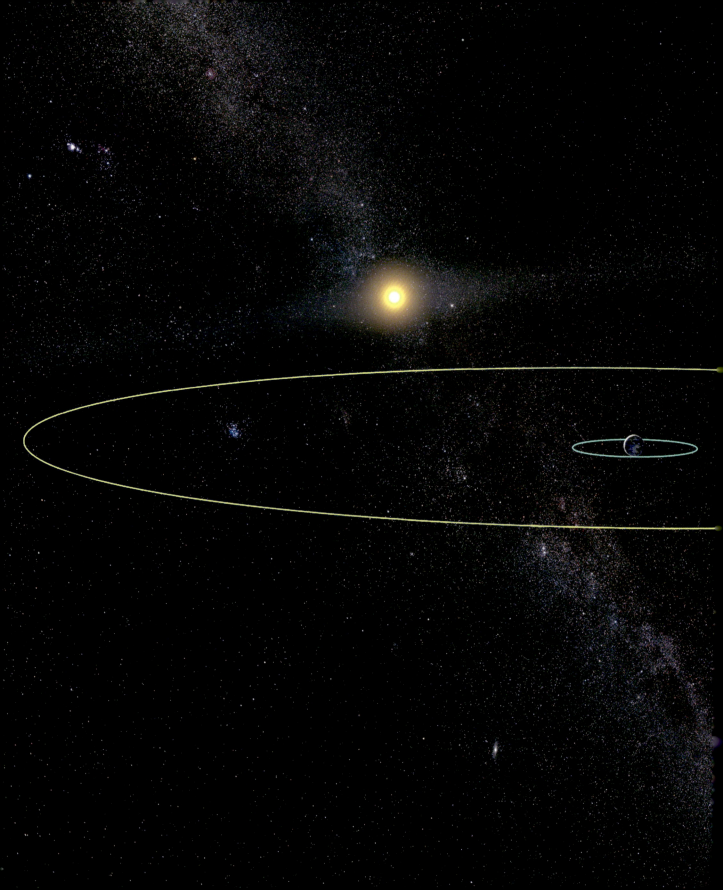

10^9 mのスケールを見渡す。
地球を取り巻く月の軌道と,
その内側にある人工衛星などの
対地同期軌道（静止軌道） 10^9 m

私たちは，宇宙のスケールをどんどん降りていき，今，**地球の衛星である月** [p.88〜91の図, 10^{10}, 10^9] に接近中だ。**暗くてほこりだらけのこの灰色の衛星は，潮汐の作用で現在の位置にとどまっているように見えるが，やはり今でも変化し続けている** [p.94の図, 10^8]。その軌道は年に数センチメートルずつ地球から遠ざかりつつあり，地球の自転速度は徐々に遅くなっているのだ。

　この変化の始まりは，はるか昔にさかのぼる。6億2,000万年前の地球の海洋潮汐が刻まれた砂岩を調べると，当時の地球は1日が22時間くらいだったことがわかる。月がどのようにできたかについての現在最も受け入れられている学説——できたばかりの地球と火星くらいの大きさの原始惑星が大衝突を起こしたためとする説——と考え合わせると，今から46億年前の若い地球は今より自転が速く，1日がかなり短かったようだ。月が周回するよりも速く地球が自転することで，巨大な海洋潮汐が発生したことだろう。それから数十億年が経ち，このような潮汐による海水の盛り上がりや岩石マントルの上下動が続けられてきたが，最初に与えられた系の運動量はいまだに使い果たされてはいない。

　このような潮汐現象は，私たちの日常の経験と，宇宙に存在する地球の力学とのつながりをはっきり示すものとしてとても興味深い。先ほど，君が懐中電灯を使って宇宙に測量センサーを送り出すことができたのも，こうしたさまざまな力によってこの惑星が形作られ，そしてそこに君が暮らしているからだ。地球の現在の状態は，私たちのような生命体が存在するための絶好の条件を作り出している。そして，私たちがどのようにして今の姿になったかを解き明かす手がかりが，まさにそこにあるのだ。

10^8 m 月と並んだ青い地球

5 地球という惑星

■この章で見ていく範囲
10^8 m ➡ 10^4 m

10万キロメートル〜10キロメートル：
地球と月の距離の約26％から，海底から測ったマウナケア山の高さまで

　地球とは何だろう？

　その答えは，質問した相手によって変わる。惑星科学者や地球物理学者なら，地球とは「一番深いところに鉄でできた丸い核があり，その外側を熱い岩石の"しずく"が覆い，さらにその表面に結晶化した鉱物の薄い地殻が載っているもの」と答えるだろう。天文学者なら，地球とは「星を作っていたもの——つまり，はるか昔に死に絶えた，前世代の恒星由来の重元素でできた屑——が小さく凝集したもの」。いつも数字と格闘している統計学者にとっては，「観測可能な宇宙の中に存在する1兆の1兆倍個の惑星のうちの，データ点の1つ」が地球である。このデータ点は，さまざまな惑星の分類図の中では少し「はずれた」位置にあって，今もゆっくり変化し続けている。

　生物学者にとっては，地球は誕生してからほぼずっと，生命というダイナミックな現象のゆりかごだった。**地球は，その長い時間の中で何度も繰り返し姿を変えた。かつての恐ろしいマグマの海は，やがて濡れた岩石の塊になった。そして全球規模で温暖な時期と酷寒の時期が繰り返され，その変化の中でさまざまな気候が現れた。起伏だらけの地表は，時には生き物でうめつくされた。生物を絶滅させる大事変が起き，あらゆる種類の生命体が姿を消して，ほぼ不毛の地になったこともある**［p.97〜99の図］。

　地球は，非常に古いものと非常に新しいものが混在する場所でもある。君が実際に手にすることのできる地表の岩石で一番古いものは，35億年以上の時を経ている。また，花崗岩のような火成岩（マグマが冷えて固まった岩石）の中に，小さくて密なジルコンの結晶が入っていることがある。驚いたことに，そのような結晶の中には44億年も前のものが見つかっている。この惑星は，これほど長い年月を経てなお，活動的であり続けている。いまだに新しい火山島が生まれており，地下深くのダイナモ作用によって強い双極性の磁場が働き続けている。地表では今でも各環境に適応した新種の生物が現れる。どの一瞬を切り取っても，過去や未来の姿と一致することはない。このように地球とは，変化し続けている惑星なのである。

　しかし君や私にとっては，こうした多彩な科学的観点以上に大切なことがある。それは，地球が私たち自身にとって不可欠であるということだ。

地球のことを思う時，私たちの心に，さまざまな風景や，音，匂い，味などの感覚がありありと浮かんでくる。たとえば，それは君が初めて地面を踏みしめた時の感触や，寄せては返すさざ波に身を任せた時の心地だ。朝霧が立ち込める中，地平線から昇る太陽を見た時のこと。あるいは，夕立のあと不意に立ちのぼる土や植物の匂いかもしれない。中には，暮れゆく空にそっと瞬き出す星を見つけるだけで心揺さぶられる人もいる。このように地球は私たちの故郷である一方で，絶えず活動し続けている危険な場所でもある。強風にさらされ，猛吹雪や嵐に打ち負かされる惑星，そして大地そのものが揺れて，何もかもを粉々にしてしまうこともある惑星，それが地球だ。

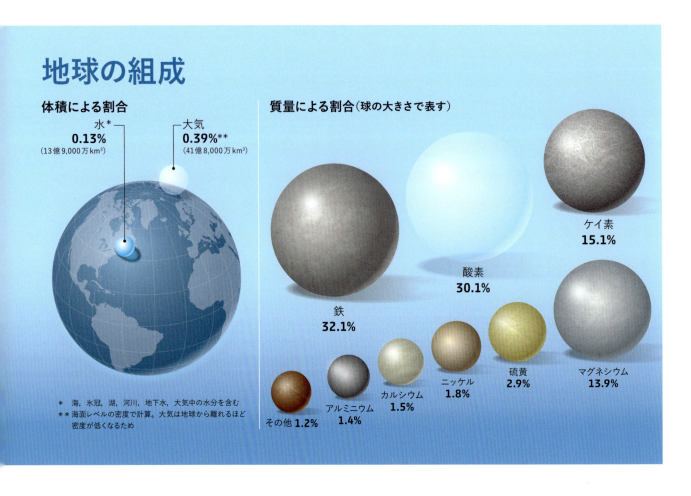

地球の遠い過去の姿：冥王代（40億年以上前）から顕生代（5億4,100万年前〜現代）まで。（上）今から46億年前に冥王代が始まる。（次ページ：見開き左上）今から40億年前，始生代が始まる。（左下）30億年前，初期の微生物がストロマトライトを形成する。（右上）およそ24億年前，地球全体が氷河に覆われ，「全球凍結」した。（右下）1億5,000万年前，植物が繁茂するジュラ紀の地球

海底にある火山性の中央海嶺の探索。学術的発見の宝庫であると同時に、鉱物資源の眠る場所としても大いに注目されている

自らの手や道具を使って、この星の地面を掘る。掘り出した物質を鋳型に入れ、必要な物や、ただ欲しいと思う物を好きなだけ作る。あらゆる生物と同じように、私たちは呼吸をしたり、食べ物を口にしたり、燃料を燃やしたりしながら、その中にある化合物を別の化合物へと絶えず作り変えている。10億年前にできた岩盤を材料にして、家や学校や彫刻を作る。鉱脈に埋まっている天然の金属を取り出し、橋、車、自転車、結婚指輪、電子回路の基板などにする。鉱石を精錬すれば核反応の燃料になるし、手間暇かけて抽出したレアアースの元素は、コンピューターやスマートフォンの中で電子の流れを導いたり、磁石を強化したりするのに役立つ。

　私たちは物質を利用するのが実にうまくなった——ところが、うまくなりすぎて困ったことにもなった。人類が地球のバランスを大きく変えてしまったために、今やほかの生物や環境に多大な負担がかかっているのだ。彼らこそが、私たちを支えてくれるシステムの大切な一部だというのに。

　確かに、地球の環境に悪影響を及ぼした生物は、私たち人類が最初というわけではない。今から25億年くらい前には、いくつかの種類の微生物が生命活動の廃棄物である酸素を大気中に吐き出し始めた。この酸素という汚染物質がきっかけとなって、地球の化学的な状態や気候の状況は大きく変動し、その後のあらゆる生命が影響を受けた。

　かつて光合成で酸素を作り始めた初期の生物たちには、選択の余地がほとんどなかった——進化の過程で獲得した代謝ツールを利用しただけだったのだから。一方、私たち人類の場合はまったく違う。そこが興味深いところでもあるのだが、私たちは自分が何をしているかわかっているし、自らの行動が引き起こす結果についても、普通はある程度自覚できる。

　では、地球はこのことをどう見ているだろう。地球は私たちの生まれた場所であり活動の場でもあるが、もちろん、私たちのことなどまったく気にしていない。地球は私たちに「ちょうどよく」できているが、そこに特別な理由はない。そもそも、私たちが地球から誕生したのであって、その逆ではないのだから。人類が地球や地球上の生物に対して何をしようとも、地球はここにあり続け、進化のプロセスは進み続ける。そして私たちの時代は、いつの日か堆積岩の中の薄い地層の一つになるだろう。

　なぜなら（ほかのあらゆる惑星と同じで）地球は熱力学や化学、放射線学の法則のもとで動く高性能な機械だからだ。この惑星は、表面でも内部でも、さまざまな現象が複雑に絡み合っており、さらにそこに時間という要素が織り込まれている。気候から化石燃料まで、私たちがあって当たり前と思っている地球の特性は、数十億年にわたり繰り返されてきた過程と、その間に起きた数々の偶然の出来事の結果である。実際、今、私たちが地球から享受しているすべての物は、もっとはるかに大きな物語の一コマにすぎないのだ。

■ 吸収, 攪拌, 放射

宇宙を旅するうちに，見慣れた世界にたどり着いた。今，**地球で起きているさまざまな現象が互いに影響を及ぼし合っている様子が見えてきている**［p.108〜109の図］。**高度4万2,000キロメートル付近の静止衛星軌道に浮かんでいると，地球の半分をほぼ丸ごと見渡せる**［p.103の図, 10^7］。この半球全体が，この惑星の主力エンジンのような役割を担っている──これが，惑星表面の温度と環境の状態を決めているのだ。

地球の昼間側の半球（日照半球）では，大気の一番上の層に太陽放射が当たり，1平方メートルあたり約1,300ワットのエネルギーがもたらされている［p.104の図］。この数字は電気ポットの消費電力と同じくらいだ。大した量ではないように思えるだろう。

ところが，これを半球全体で合計すると，全部で約174ペタワット（ペタワットは10^{15}ワット，つまり1,000兆ワット）の太陽エネルギーが大気の上層に降り注いでいることになる。この膨大なエネルギーのうち89ペタワットが地球の表面に直接吸収され，残りは表面で反射されるか，大気に吸収されたり，凝集した水からなる雲に反射されたりしている。

地球を周回する人工衛星と月 10^7 m

地球の大気の上層に太陽からの光子が
ふんだんに降り注ぐ

人間の基準で考えると，これは莫大なエネルギーだ。現代人の消費エネルギー量の推計によると，私たちは1年でおよそ1.6×10^{11}メガワットアワーの電力を使うとされている。これは1時間あたり約0.018ペタワットのエネルギーを1年間（8,760時間）使い続けることに相当する。また，地球上のすべての生物のエネルギー消費量（光合成生物，植物による水の蒸散，それに生物が消費する化学エネルギーや地球物理学的エネルギーなどのすべての合計）は0.1〜5ペタワットの間と推計されている。つまり，生物がこの惑星に大きな影響を及ぼすと言っても，宇宙のスケールから見れば，太陽から降り注ぐ光子をほんの少し，なめる程度に使っているだけなのだ。

　地球がもともと持っている熱——いまだに溶融している内部構造から出る熱——も大した量ではない。地球の表面からしみ出す地熱と地球化学的エネルギーは，全部でおよそ0.047ペタワットだ。

　そうなると，明るく輝いているこの地球の日照半球は，ただの美しい眺めという以上の意味を持ってくる。ここでは確実に，電磁放射の絶え間ない吸収が起きているからだ。地球は電磁波を反射しているが，同時に巨大な"光子のスポンジ"としても働いていて，もし地球が存在しなければ宇宙空間をどこまでも進んでいくはずの光子を吸い込んでいる。地球は小さな惑星かもしれないが，宇宙に長い影を落としているのだ。

　それでは，吸収されたエネルギーはどこへ行くのだろう？　あらゆる物質がそうであるように，地球も過剰なエネルギーを放出し続ける性質がある。そしてそれは周辺の宇宙空間と平衡に達するまで続く。ただし，地球は大気と海に覆われているため，エネルギーが失われにくい。すると，地球はどんどん熱くなっていくので，赤外線の光を活発に宇宙空間に発散することで不均衡を是正しようとする。ただし，実際にそのような多くのエネルギーを発散するまでには，エネルギーをさまざまな形態に変えたり，エネルギーの流れに中間段階を介在させる必要がある。それはたとえば大気と海水の流動であり，それらの化学的な変化だ。いわば地球は，エネルギーの流れによってこれらの現象を起こしている新種のエンジンなのだ。

　私たちの身の回りでも，この「エネルギー再処理装置」の働きの一端を見つけることができる。その一例は，地球上の至るところで見ることができる大気と海水の長大な流れだ。この惑星は自転しているので，身にまとったこれらの流体物質——気体と液体——に引きずるような動きが生じる。そしてそこに太陽エネルギーが大規模に干渉している。たとえば，赤道周辺の熱帯地方で，温かく湿った空気が上昇していく。この空気は高度10〜15キロメートルに達したところで北か南へ向かい，その後に中緯度地帯で下降する。**このようにして，地球をドーナツのように取り巻く大気の流れが赤道の北側と南側にできている。同じように（発生のメカニズムは少し違うが）それより南極寄りと北極寄りの位置にも，ドーナツのような大気の流れがそれぞれ2つある**［p.108の図］。

　大気は赤道から遠ざかる方向に運ばれるが，地球の自転による移動速度は赤道付近が一番速いため，大気の循環には「ずれ」が生じている。その結果としてコリオリ効果という力が働き，大気の流れは地球の表面に対して東寄りに偏っている。

この偏りは，さらにジェット気流と呼ばれる高速の気流（亜熱帯ジェット気流と寒帯ジェット気流）を高度10キロメートル付近で発生させており，それが地球を取り巻くように吹いている［p.108の図］。君は北米とヨーロッパの間を飛ぶ飛行機に乗ったことがあるだろうか。もしあるなら，君はたぶんジェット気流を経験済みだ。この気流のおかげで，西から東に向かう旅はスピードアップするが，東から西に帰る時は向かい風を受けて遅くなるのだ。

　地球の大気が冷たい空気と温かい空気に分かれていることにも，ジェット気流のような大気の流れが関係している。時には高緯度のジェット気流が弱まったり蛇行したりして，冷たい空気が通常より低緯度まで下がってくることがある。その一帯にいる人間たちにとっては災難のもとだ。

　それでも，全宇宙の無数の惑星を見渡すと，地球で起きているこれらの現象はむしろ控え目な方だ。太陽系でも，たとえば10時間で1回転する巨大ガス惑星である木星は，ジェット気流をいくつも抱えている。それらは，木星を取り巻く幅広い色の帯がいく筋も見えるほど大規模だ。土星はとても穏やかで堂々としているように見えるが，実は南北の極に巨大な大気の渦があり，赤道部分の高高度上空には時速1,800キロメートルもの猛烈な風が吹いている。

　太陽の影響で地球の大気がかき乱されることによるもう一つの影響は，天候だ。**中でも一番激しいものが，低気圧の地域で温かく湿った空気が大量に上空にたまることによって発生する，熱帯の嵐だ。ハリケーン，サイクロン，台風など，さまざまな呼び名の嵐が地球の至るところで吹き荒れている**［p.110～111の図］。

　いわば「回転するモンスター」であるこれらの嵐は，地球にとてつもないエネルギーが注がれていることを教えてくれる。海から水が蒸発し，ハリケーン発生地帯で再び凝縮する時に，莫大な熱エネルギーが放出される。さまざまな推計によると，1つの巨大ハリケーンが1日に発生させるエネルギーは，世界の全発電能力の200倍にもなるという。

　太陽エネルギーの地球への影響は，温暖化の問題だけではない。化学的にも変化が起きている。過去46億年の間，太陽から届く紫外線の作用で水や酸素ガスを含む成層圏の分子の分解が進み，大気中で活発な光化学反応が起きるようになった。地表の鉱物にも絶え間なく太陽光が照りつけ，化学結合や構造を変化させている。そして言うまでもなく，太陽エネルギーは生物による生化学的な営み（とくに光合成）を介して地球に大規模な化学変化をもたらした。海辺の浅瀬で藻類が繁茂する場合のように，たった1日で起きる変化もあれば，植物の根が大地を分解したり，微生物の酸性分泌物が地表の岩石や鉱物を変化させたりする場合のような，何世紀にもわたる影響もある。

アフリカ大地溝帯をのぞむ 10^6 m

地球のしくみ

あらゆる天体と同じように，地球はエネルギーを吸収したり散逸したりしながら，周辺環境との間で熱力学的平衡を保とうとしている。そのエネルギーの流れによって，全地球規模の複雑な現象が起きている

月
地球の海と大気に潮汐を引き起こす。太陽による潮汐を合わせると，さらに3テラワットのエネルギーが地球にもたらされる

地球の磁場
この双極性の磁場は，太陽風が運ぶ荷電粒子と相互作用している。それにより，地球の大気や導電性のある岩石に電流が発生する

大気循環
赤道部分の時速1,700 kmの回転速度と，緯度に応じて異なる太陽エネルギーによる加熱作用により，流体として振る舞う大気が垂直方向と水平方向に大きく運動するようになる。これらの気流が地球全体にエネルギーを運んでいる

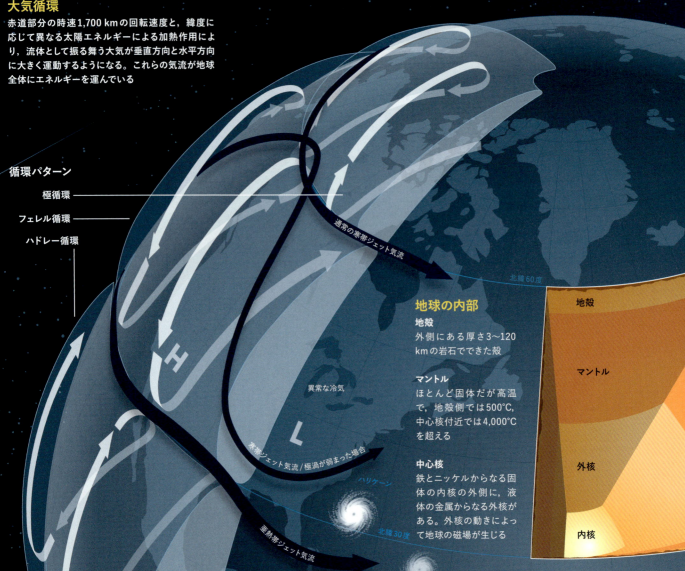

循環パターン
- 極循環
- フェレル循環
- ハドレー循環

通常の寒帯ジェット気流

北緯60度

異常な冷気

寒帯ジェット気流／極渦が弱まった場合

ハリケーン

北緯30度

亜熱帯ジェット気流

地球の内部

地殻
外側にある厚さ3〜120 kmの岩石でできた殻

マントル
ほとんど固体だが高温で，地殻側では500℃，中心核付近では4,000℃を超える

中心核
鉄とニッケルからなる固体の内核の外側に，液体の金属からなる外核がある。外核の動きによって地球の磁場が生じる

- 地殻
- マントル
- 外核
- 内核

入射する太陽エネルギー
100%

光のまま反射される **赤外線の放射**
30% **70%**

雲から 大気から 地表から 地表から 雲と大気から
20% 6% 4% 6% 64%

太陽エネルギー
太陽からの放射には，γ線から可視光，電波までの波長の幅がある。太陽の全放射照度（すべての波長の太陽放射エネルギーの合計）は可視光の領域が最も高い。地球は，全部合わせても，太陽から届く全エネルギーの数十億分の1しか受け取っていない

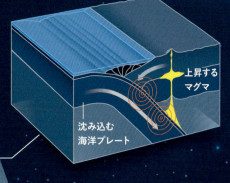

火山と地震
地球は地球物理学的に見て活動中の惑星である。地球表面から放出される約47テラワットのエネルギーが地熱と地球化学的プロセスに由来する

上昇するマグマ
沈み込む海洋プレート

ハリケーンと台風
海から蒸発した温かい水蒸気は，凝縮する時に大気を温める——この熱が，回転する風の吹く大きな低気圧を発生させる。放出されるエネルギーは1ペタワットに達することがある

温かい空気 冷たい空気

嵐の目の中。気象観測機能を持つ飛行機が,積乱雲の壁に囲まれたハリケーンの目の中を突っ切っている

■星を目指して

　全地球規模で見ても，10キロメートル四方くらいの小区画の規模で見ても，地球は宇宙からのエネルギーを使って動く多様な構造に満ちている。その意味で，この惑星に暮らす私たちと宇宙の間には，切っても切れないつながりがあると言える。とはいえ現生人類が登場して以来，ほとんどの人は地球の表面から少しも離れないまま問題なく人生を送ってきた。それは今でも変わらないが，少数の例外的な人たちが現れた。

　1960年代以来，宇宙に滞在した人々の数は530人を超えた。これは準軌道（地球を周回する軌道に達しない高度）を飛んで宇宙空間に達した人と，地球の周回軌道まで飛び出した人を合わせた数だ。そのうち9回は月まで行って帰ってくるという大成果を挙げ，6回は月の表面に降り立った。彼らは人類の科学技術の素晴らしさを余すところなく示すだけでなく，私たちの惑星をまったく違った観点から語ってくれている。その他の無数の現生人類にはできなかったことだ。

　そんな幸運な宇宙飛行士たちは，国籍にかかわらず，自分の目で見た光景に畏敬の念を感じたという。彼らが地球について語った言葉に耳を傾けてみよう。

　　我々が圧倒的な感動を覚えたのは，月の景色のはるか後方に，地球が昇ってくるのを見た時だ……あの光景を見れば，全人類が確かに1つの小さな球体の上にいるということを実感させられる。23万マイル彼方から見ると，本当に小さな惑星だ。
　　　　　　　　　　　　　──フランク・ボーマン，1969年1月10日付，アポロ8号報道発表

　　地球は小さく，青く光っていた。ぽつんと浮かぶその姿に胸を打たれた。聖なる遺物と同じように守るべき，私たちのふるさとだ。地球は本当に丸かった。私は宇宙から地球を見るまで，「丸い」という言葉の本当の意味をわかっていなかったと思う。
　　　　　　　　　　　　　──アレクセイ・レオーノフ，ソビエト社会主義共和国連邦

　　私が初めて目にしたのは環礁（かんしょう）と雲だった。それは，輝くばかりの濃紺の海にさまざまな色調の緑と灰色と白が彩りを添えた大パノラマだった。窓越しに通り過ぎていく太平洋の景色は，カーブした地球の形に縁取られていた。青い光の輪が薄く周囲を取り巻き，その向こうは漆黒の宇宙だ。私は息を飲んだ。しかし，何かが足りない──私は奇妙に満たされない感じがした。そこにあるのは確かに一大スペクタクルなのだが，まったくの静寂だったのだ。BGMなど何もない。ファンファーレも，神々しいソナタや交響曲もなしだ。私たちはそれぞれの心の中で，この惑星の音楽を書くべきだ。
　　　　　　　　　　　　　　　　　　　　　　　　　　　──チャールズ・ウォーカー，アメリカ

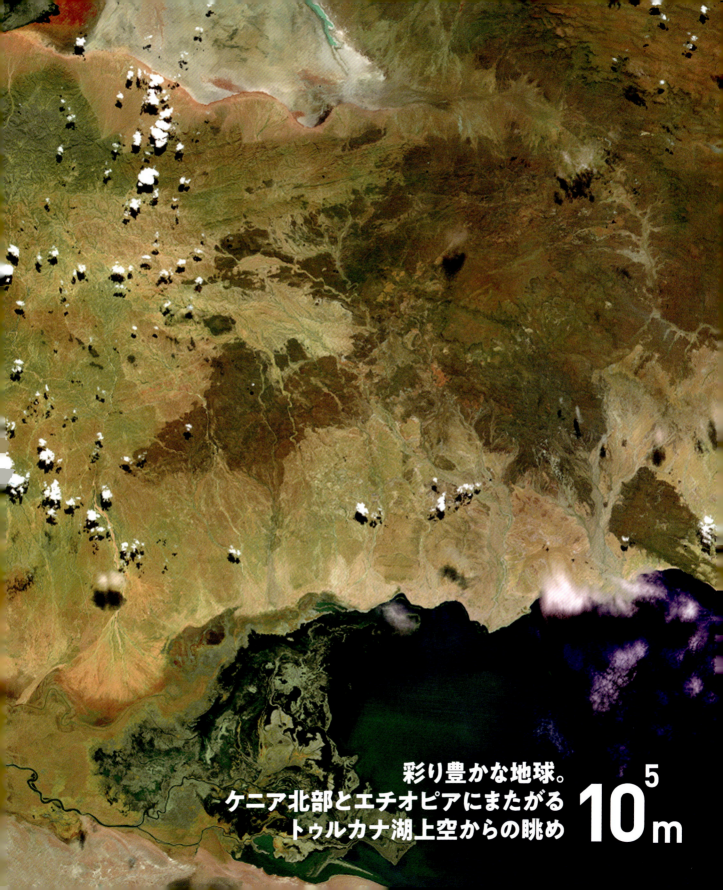

彩り豊かな地球。ケニア北部とエチオピアにまたがるトゥルカナ湖上空からの眺め 10^5 m

私たちは月について大いに学んだ。しかし，本当に学んだのは地球についてだった。ちょうど月の距離からだと，自分の目の前に親指を立てるだけで，地球がすっぽり隠れてしまう。これまでに経験したすべてのこと，大切な家族，仕事，地球そのものが抱えるいろいろな問題——そんなすべてのものが親指の後ろに隠れている。私たちは皆，なんとちっぽけな存在なのだろう。それでも，だからこそ，私たちにこの地球という惑星があることが，そして地球という美しいものに囲まれて生命を営んでいることが，いかに幸運であるかがわかるのだ。

　　　　　　——ジム・ラヴェル，アポロ8号とアポロ13号の宇宙飛行士，2007年の映画
　　　　　　　In the Shadow of the Moon（邦題：ザ・ムーン）のためのインタビューより

　中国には，こんな物語がある——ある若い娘を傷つけるよう命じられた男たちが，その美しさを見たとたん，その娘を傷つけるのではなく守ることにした——。私が地球を初めて見て感じたのは，そのようなことだった。地球を愛し，懐かしく思う気持ちを抑えられなかった。

　　　　　　　　　　　　　　　　　　　　——テイラー・ワン，中国/アメリカ

ケニア上空。人の存在する形跡が初めて小さく見えてくる 10^4 m

10³ m 地表に近づく。人工物が見える

6 意識ある存在

■この章で見ていく範囲
10^3m → 10^{-1}m
1キロメートル～10センチメートル：
簡単に歩ける距離から，君の手のひらの大きさまで

　私たちは，全銀河がきらきら光るほこりの粒のように散らばっている壮大なスケールから，太陽系の惑星が鉱物結晶の粒のように見えるスケールまで旅をしてきた。そしてさらに，今度は私たち自身が，惑星の上に散らばったほこりの粒くらいに見えてくるスケールに到着した。ここにくるまでに，10の24乗倍もズームしてきたことになる。

　この"ほこりの粒"は，ほぼ水からなる多細胞生物である。その体を包む膜の内側から，外の世界を見て，音を聞き，匂いを嗅ぎ，何かを感じながら生きている。そして，それらの感覚をもとにして，何らかの方法でその意味を組み立てる。私たち人類は意識というつかみどころのないものを持ち，知性という能力も備えている。

　もしかすると宇宙のどこかには，人類と同じような成り立ちの高度な生命体がいるのかもしれない。本当のところはまだわかってないが，おそらく，地球の生命が生命体として成り立つ唯一のしくみというわけではないだろう。また，人類の知性があらゆる場所で通用する最良の知性であるのかどうかもわかっていない──もっと言えば，「知性」という言葉がいったい何を意味しているのかもはっきりしない。それは，単に迷路を解いたり缶詰を開けたりする程度の能力のことかもしれない。あるいは，もう少し高度な数学の証明問題とか，宇宙の性質や起源を解明する能力で測るべきものかもしれない。

　こんな難しい話をさらにややこしくしているのが，意識の存在だ。何千年も前から，哲学者や科学者，詩人や芸術家たちが，意識とは何かを解明しようと必死に取り組んできた。現代の神経学者ならたいてい，意識とは私たちの脳が情報を統合する過程だとか，感覚を通して得た世界についての統一モデルを組み立てる過程のことだとか言うだろう。しかしそうなると，意識とは，それらの情報の部分部分の総和にとどまらない何かでもあることになる。意識は，私たちの脳を構成する無数の細胞が電気化学的に作り出した，還元不可能な新たな状態なのかもしれない。

私たちの置かれた状況は，やや滑稽だ。私たちは実在の本質についての客観的真理など，ほとんどわかりようもない立場にある。なにしろ私たちは，ちっぽけな肉体の内側で自意識を持ちながら，ばらばらに時空を漂うだけの存在なのだから。それなのに，そんなやっかいな問題を問わずにいられないのは，人類の本質にそのような側面があるからに違いない。まずは，この自己分析という行為そのものを分析する必要がある。

　さて困った。そんなことは，コンピュータープログラムに自分で自分を読み取らせながら誤りを修正させようとするようなものだ。あるいは，絵を描くとはどういうことかを絵に描いてほしいと絵描きに頼むようなものかもしれない。実在するすべての物理スケールをめぐるこの旅の中でも，ここは難所だ。私たちにできるのは，せいぜい，観測可能な宇宙にある1兆の1兆倍個の恒星のうちの，1つの平凡な恒星を周回する小さな岩石質の惑星をはるかに目指して飛びながら，生命という現象が解明されますようにと祈ることくらいだ。

　さらにやっかいな話をしよう。生物について，その基本的な姿を見ただけでわかったような気になってはいけない。ぱっと見だけでわかることなどごくわずかだ。たとえば，タコを見て，ただのタコだと思って

はいけない。そのタコはほかのたくさんの生物と密接なつながりを持ち，遠い過去から繰り広げられてきた生物進化の網の目の中に組み込まれている。タコの体そのものすら，もっと小さな無数の生き物が進化論的闘争を繰り広げている現場なのだ。

　さらにもっと根元的なレベルまで掘り下げれば，既知のすべての生き物は，さまざまな分子が気の遠くなるほどたくさん関わり合った末に，創発[*15]的な産物として生まれてきた。しかもそれらの分子はDNAやRNAという形をとり，文字列の反復や変異，組換えによって変化し続けている。このあとに見ていくが，このような生命の組み立て材料としての分子は，陽子，中性子，電子，それに電磁気力などが物理的に作用し合った直接の結果としてできたものだ。

[*15]「**創発**」：複数の要素が集まって大きなシステムや組織を作る時，個々の要素の足し算にとどまらない新たな性質が現れること。動物のさまざまな器官，生物個体そのもの，あるいは生物がたくさん集まって作る社会や環境などは，どれも小さな「部品」の集合だが，そこに思いもよらない機能や特性が生まれる（たとえば，脳に現れる意識）。それらはどれも創発的な現象である

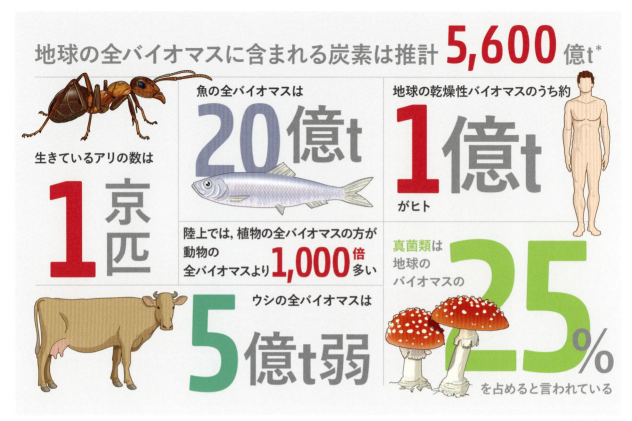

　これらの小さな部品は，単に138億年ほど前に始まった宇宙の基本的な「ルール」に従っているにすぎない。ただそれだけなのに，それらが無数に合わさると，銀河や恒星，惑星，ゾウ，人，鳥，虫など，宇宙のありとあらゆるものができるのだ。

　一体どんな風にしてそうなるのだろう？　これこそ，科学と哲学が探究している問題の核心だ。私たちがこんな辺鄙な場所にいながら全宇宙のことを筋道を立てて説明しようと力を尽くすのは，まさにこの問題を解くためだ。そしてその答えは，まだ出ていない。

■ 地殻の上の生命

　このような「存在」に関する難問に取り組む活動の一部として，この宇宙における人類の故郷の特徴を明らかにする作業が進められてきた。このプロセスはごく素朴なところから始まる。たとえば，地球は70%が液体の水に覆われている。海は，生物にとって非常に重要で，変化に富む生息環境だ。きわめて小さな単細胞生物から現存する最大級の多細胞生物まで，あらゆる大きさの生物がこの領域にあふれている。

意識を持つ2つの生物種（ジープに乗った人間とゾウの群れ）が互いを探り合っている 10^2 m

海と同じぐらいの広がりを持ちながら，海とはまったく別の環境である陸の乾燥地には，もう一つのまったく異なる多様な生息環境がある。陸地でも海でも，生物を支配する諸法則は基本的に同じだが，陸地の生物はさまざまな行動パターンを持っている。陸地にはジャングルから砂漠まで，大氷河の氷冠から熱帯の島々まで，また山脈から平原まで，多彩な地形があるからだ。

　人類の起源とその旅路の解明という点で最も好奇心をそそられる場所の一つが，アフリカの大地溝帯にある。その場所は，「地溝」という非常に大規模な溝状の地形の一画を占めている。大地溝帯は地殻で覆われたプレートが文字通り引き裂かれ，もろい鉱物からなる一帯に亀裂が入って，特異な風景を作り出している地域だ。

　エリトリアからモザンビークまで続く，アフリカ東部地域のこの大規模な地質構造——6,000キロメートル以上の長さがある——には，変化に富む壮大な地形が連なっている。その一つは成層火山で，とくに有名なキリマンジャロ山は標高が5,900メートル弱に達している。ほかにも，深さが600メートルもある切り立った地溝や，なみなみと水をたたえたフィヨルドのような川もある。熱帯地方の湖としては世界最大のビクトリア湖は，およそ7万平方キロメートルの広さがあり，熱帯において淡水をたたえ，現在のナイル川に注ぎ込んでいる。

　この大地溝帯の内部で，人類の始まりの手がかりが発見されている。初期人類の化石だ。化石が出るたびに，私たちは先史時代に関する記述を書き換えてきた。

　初期のヒト属の一種であるホモ・ハビリスは，今から280万～150万年前に生息していたようだ。ホモ・エレクトスという別の種が最初に登場したのは190万年ほど前である。そのほかの原始的な人類の化石にも個別の名称が与えられているが，何百万年も昔のことだけに，どのような種が生息していたのか，そしてそれらがどのような関係にあったのかは，まだ完全には把握されていない。これらのヒト科の生物（ホミニド）がどのくらい広く分布していたかも実はわかっていないが，大陸全体にではなく局地的に生息していた可能性が高そうだ。

■生き物たちの背景を知る

　直立するホミニドの系統が長らくはびこっていたにもかかわらず，大地溝帯の植物相と動物相は，現代人の基準で見ると広い範囲で比較的無傷なまま保たれてきた。

　ちょっとケニアを上空から見てみよう。この宇宙のスケールをめぐる旅では，2～3段階ズームインするだけで，真空の宇宙空間からゾウの群れの上空を漂うところまでたどり着く。ゾウたちはあたりをうかがっている。そしてそのゾウたちの様子を，ジープに乗った何人かの臆病な人間たちが見つめている［p.121の図，10^2］。

　望遠レンズをもう少し繰り出すと，一頭のゾウが眼前に広がる［p.123の図，10］。その背中にはウシツツキという鳥が止まっている［p.125の図，1］。ちょうどゾウの硬い皮膚のひだの間から，ぷっくりしたシラミをほじくり出したところだ［p.129の図，10^{-1}］。

一頭のゾウに
ズームイン **10m**

この場面を大きな文脈でとらえると，とても興味深い。巨大な哺乳動物であるゾウは，体重4,000～7,000キログラムの多細胞生物だ。自らの体内にある子宮で胎仔を育み，出産後は5年以上にわたって乳腺から栄養豊富な母乳を出して仔ゾウに与え続ける。**ゾウの脳は，およそ3,000億個の神経細胞が網目のようにつながり合ってできている**（神経細胞の数は人間の3倍以上ある）[p.126～127の図]。ゾウたちは複雑で利他的にも見える社会的行動をとる。ゾウに意識があることは，ほぼ間違いない。その利口さは人類ほどではないにしても，明らかに知性も持っている。

　一方，ゾウの背中にいる羽根のはえた共生生物であるウシツツキには，また別の歴史がある。その系統は，今から3億年前に哺乳類との共通祖先から分かれた。現代のすべての鳥がそうであるように，ウシツツキは「トカゲのような大きな動物」の特定のグループ──卵生の恐竜──の子孫だ。**今から2億6,000万年前から6,500万年前までの間，ウシツツキの祖先にあたる恐竜が，まさにこの大陸の同じ風景を駆け巡っていた。そこは恐竜が進化の頂点に立った世界，あるいは少なくとも進化のスポットライトを独り占めしていた世界だった**[p.124の図]。

　ウシツツキは間違いなく意識があり，私たちの考える基準に照らしても知的である。たいていの鳥は，自己意識，数量的な思考，そして道具利用の兆候を示す。ただし鳥の脳はゾウと人間のどちらに比べても物理的にはるかに小さく，神経細胞の数は（わずか）1億個ほどだ。

　ウシツツキがくわえている寄生虫のシラミは，さらに遠い過去に共通祖先を持つ。シラミの祖先は，少なくとも今から4億8,000万年前に無脊椎動物に属するグループから分かれて進化した，無翅昆虫のグループに属していた。その意味では，シラミはこの光景の中で一番ほかの生物とのつながりの薄い生物であり，一番長く生き延びた成功者でもある（ただ，今この場面では苦境に立たされているが……）。

　シラミに意識や知性があるだろうか？　ミツバチのような一部の昆虫は，認知や知性の表れと解釈できるような行動を見せることがあり，中には100万個以上の神経細胞を持つ

立場の逆転：かつては一部の恐竜が種の頂点をきわめ，哺乳動物（手前）は下位に置かれていた

ゾウの背中で活動する
ウシツツキ **1**m

さまざまな脳

脳は神経細胞でできている——神経細胞とは，電気的なネットワークを形成する特別な細胞で，電気化学的信号の受信，処理，伝達を行う能力がある。脳は私たちが知っている中で最も複雑な生体構造物である

アウストラロピテクス・アファレンシス
学名：*Australopithecus afarensis*
390万～300万年前
脳の容積：438 cm³

ニシゴリラ
学名：*Gorilla gorilla*
神経細胞の数：330億個
脳/全身（B/B）重量比：1:266

現生人類
学名：*Homo sapiens*
神経細胞の数：860億個
B/B重量比：1:50

ホモ・エレクトス
学名：*Homo erectus*
190万～7万年前
脳の容積：1,000 cm³

現生人類の大脳皮質には160億個の神経細胞がある。この数を上回るのはヒレナガゴンドウクジラのみ

ヨウム
学名：*Psittacus erithacus*
神経細胞の数：15億個
B/B重量比：1:51

イヌ
学名：*Canis lupus familiaris*
神経細胞の数：1億6,000万個
B/B重量比：1:125

ハツカネズミ
学名：*Mus musculus*
神経細胞の数：7,100万個
B/B重量比：1:40

ネコ
学名：*Felis catus*
神経細胞の数：3億個
B/B重量比：1:110

ネコはヒトより多くの神経細胞を視覚処理に用いている

タイセイヨウニシン
学名：*Clupea harengus*
神経細胞の数：およそ1,000万個
B/B重量比：1:1,000

魚類の脳は損傷しても新しい神経細胞を作ることができる

ヨーロッパアカガエル
学名：*Rana temporaria*
神経細胞の数：1,600万個
B/B重量比：1:172

ナイルワニ
学名：*Crocodylus niloticus*
B/B重量比：1:2,000
（ただし加齢によって変化する）

セイヨウミツバチ
学名：*Apis mellifera*
神経細胞の数：96万個
B/B重量比：1:100

ミツバチの脳にはヒトの脳より10倍高密度に神経細胞が詰まっている

ワニの脳は体重が増えるにつれて重くなるが，体重より増え方が遅い

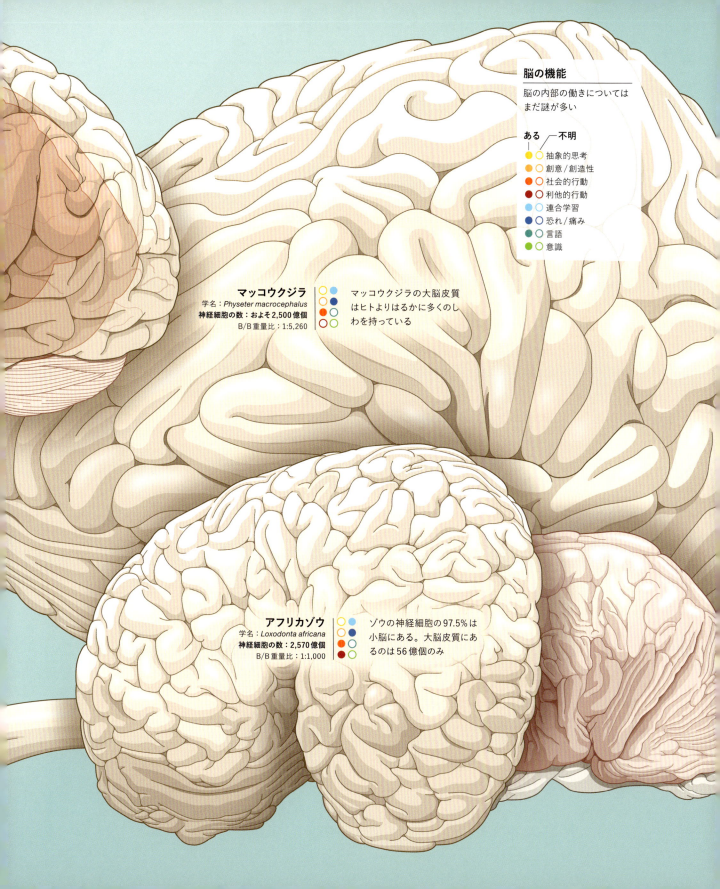

ものもいる。シラミはミツバチとは似ても似つかないが，とはいえ，その神経系で実際に何が起きているかについては，私たちにはわからないとしか言えない。

　生き物たちのこの一瞬の姿（何十億年もの間の中にあった無数のシャッターチャンスの中の，たった1枚のスナップショット）には，もう一つの重要な物語が隠れている。

　一頭の哺乳動物が鳥と虫の宿主になっている。鳥は寄生虫を食べることで，哺乳動物の役に立つ。鳥はその行為によって自らも栄養を得る。そして知らないうちに，シラミの遺伝子の行く末に影響を及ぼしている。なぜなら，あの不運なシラミの後に続くはずだった無数の子孫たちは，もはやこの世に現れることがないからだ。もしこの鳥が，このゾウの背中に止まらなかったら，そしてこのシラミを見つけなかったら，未来にはまた違った出来事が続いたことだろう。この1回の出来事にとくに影響されない未来もあるだろうが，別の未来では，その影響が雪だるま式に大きくなって地球の生命進化の行く末を丸ごと変える可能性だって理論的にはありうるのだ。

　これは，カオスが歴史に引き起こす偶然の出来事（偶発性）のうちの，氷山の一角にすぎない。ゾウは身の回りのより広い環境を絶えず変化させている。彼らは草木を食べ，水を飲み，移動しながら土壌や岩石を破壊する。ゾウは基本的に外部のエントロピー（宇宙の無秩序さを定量的に表す指標）を増大させるのだ。ゾウと同じ環境にいる植物やそのほかの生物は，このような変化の圧力を感じている。そして，そこに自然選択（最もよく適応したものが生き残る）の法則と遺伝的浮動（最も幸運なものが生き残る）の法則が働いて，あらゆる時間のスケールで，生物学的な変化が引き起こされる。

　ウシツツキも同じだ。巣を作り，排泄物を落とし，ほかの鳥や生き物たちと競い合っている。そしてシラミもシラミなりに，つつましくも元気いっぱいに自らの役割を果たしている。シラミはシラミ社会の一員であるとともに，細菌やウイルスにとっての良き住処となり，生態系の中でそれらを連れ歩いている。

　この大地溝帯の生き物たちのスナップショットは，一見するとどうということのないものだが，そこにズームインしていくと，地球の典型的な生物圏の成り立ちがおぼろげながら見えてくる——原子，分子，生物，惑星，恒星，そして宇宙の熱力学の働きが，驚くほど複雑に重なり合い，階層構造を織りなしているのだ。

　この生物圏を構成する系の小さな隙間にまで，意識や知性という奇妙な現象は忍び込んでいる。複雑な生命体というものは，うまく生き残るための特徴を進化させることが不可欠なのか，それともそれらは地球の生命だけが持つ珍奇な現象なのかはわかっていない。シラミからゾウまで，そしてさらにほかの生物に至るまで，意識と知性がどのように行き渡っているのかについても，よくわかっていない。それでも私たち人類の活動は，遠い未来へ，そして宇宙の果てへと広がっていく。私たちに知性があるからこそ，そうした活動ができる。そして本当に問うべき問題は，私たちがその能力をどのように使おうとするかなのだ。

虫と鳥と哺乳動物の一瞬のスナップショット。
この出会いが未来を変えるかもしれない

10^{-1} m

10^{-2} m 絶体絶命の シラミ

7 多様なものから単純なものへ

■この章で見ていく範囲

10^{-2} m ➡ 10^{-5} m

1センチメートル〜10マイクロメートル:
人間の指先の大きさから,雲を作る水滴や動物の細胞の大きさまで

　さらにズームしていくうちに,私たちが暮らす惑星は背景へと消えていく。地球がまとうあらゆる色彩や,そこでの数々のドラマは,今はただ視界の周辺にぼんやりかすんでいる。それらはもう,私たちがこれから向かう中継地点よりも10億倍も大きいからだ。でも,この中継地点とここから先の何段階かは退屈とは無縁だ。君はここで,美しくも奇妙な,さまざまな概念に直面することになる。その一つが「複雑性」だ。

　複雑性は,宇宙の普遍的な性質の中核をなすものだ。私たちは,すでに銀河や星雲を通してこの性質に出会っているが,私たちの日常世界にも複雑性は浸透している。私たちの体の構造そのものや,身の回りにいる生き物たちの階層的なあり方がそのことの証明だ。めったに気づかないが,私たちの生物の世界は複雑に入り組んでおり,どこまでも細分化できるのだ。

　私たちの生来の感覚には限界があるため,この世界のあるがままの姿を丸ごと見ることはできない。たとえば,自分の顔の前の適当な距離のところに2つの小さな物体を持ってくるとしよう。目で見てそれが2つの物だとわかる（つまり,解像できる）のは,少なくとも両物体の間に髪の毛ほどの隙間がある場合だ。隙間がその半分になると,どれほど視力がいい人でも,自分が見ている物が1つなのか,それとも2つなのかを見分けられない。

　このような限界があるために,私たちは数十万年もの間,自分の鼻や爪の下,あるいは血液や唾液,皮膚の中にある深遠な世界にまったく気づかなかった。私たちは長い間,自分の体そのものやほかの生き物たちのことを,きっちりくるまれた1つのパッケージのようにとらえてきた。大型動物から小さな虫けらまで,あらゆる生き物は,どれもただ均質な中身が詰まっているように見えていたのだ。

しかし，すべての生物は，宇宙のほかのあらゆるものと同じように，小さな部品の集合体だ。私たちは，たくさんの原子，分子，分子の集合体，そして細胞でできている。さらにこれらの部品同士が，ほぼ無限の組合せで，互いに作用を及ぼし合ったり化学反応を起こしたりしている。

　人間の手のことを考えてみよう。今，この本を持って顔の前で支えている君の手は，一種の力学的な緊張状態にある。手の骨や腱，筋肉，神経線維，それに皮膚のすべてが協調しながら働いている。そのおかげで，君はこの文字をじっと見つめて読んでいられるのだ。

　これまでに，色や手触り，大きさの異なるたくさんの手によって，人類の痕跡がこの世界に刻みつけられてきた。

　人は，内面に浮かんださまざまな概念を固い岩や鉄に刻みつけて形にしてきた。自分の考えを現実の物体に置き換えてみると，それにまた別のアイデアが刺激され，さらに新たな物を作ってみるということを繰り返してきた。人類は，その器用な手で空を飛び，月に行き，太陽系の端のあたりまで突き進んでいる。「機械を作る機械」を作り，ロボットにコンピューターを作らせるという風にして，さまざまな物を作ってきた。さらには，精密に磨き上げたレンズやセンサーを組み合わせて顕微鏡を作り，巨大な粒子加速器まで建造して，もっと深く原子よりも小さな世界まで調べようとしている。

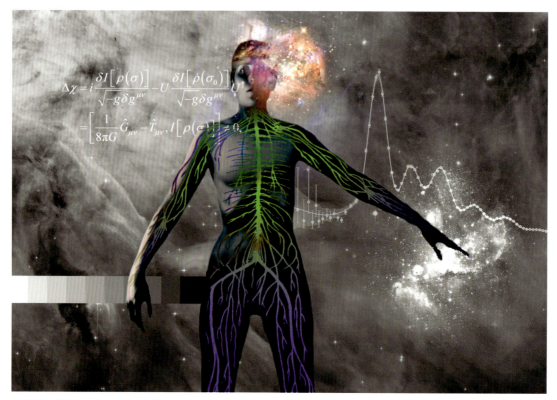

人類は手と細胞を介して宇宙とつながっている

シラミの眼 10^{-3} m

生体の細分化

ヒトの手は，多様な細胞や組織，構造物，化合物が複雑かつ高度に組み合わさってできている。相互に依存し合うこれらの要素が集合することで，ヒトという種が周囲の世界に向けて自己表現し，影響を及ぼすことが可能になる。典型的なヒトの手には，29か所の主関節と123の靱帯，34の筋肉，48の神経，そして30の動脈がある

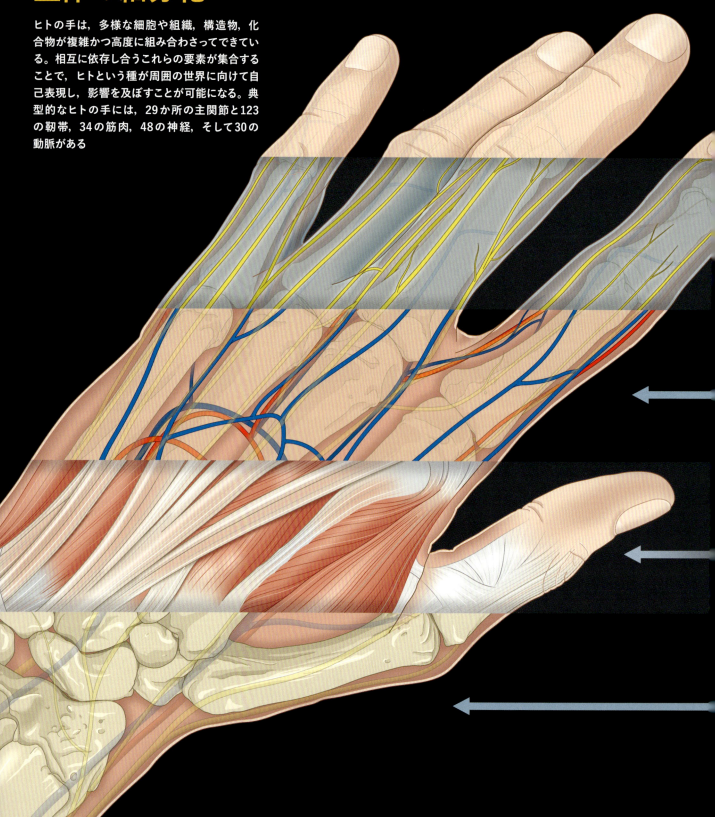

皮膚
ヒトの皮膚の細胞は長さが約0.03 mm。外側の層（表皮）は柔軟で水を通さない

重要な役割を担う元素

 水素
 窒素
 リン

神経系
神経細胞は電気化学的なシグナルを伝達する。典型的な細胞の膜電位は約70 mV

 カリウム
 ナトリウム
 カルシウム

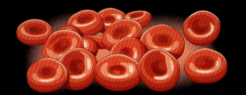

循環系
酸素などの気体，栄養素，ホルモン，代謝産物，そして赤血球，白血球，血小板を体内のあらゆる場所に運搬し回収するネットワーク

 鉄
酸素
 銅
 ナトリウム

筋肉
数mm〜数cmの長さの細長い細胞が収縮したり弛緩したりすることで，体を支え，運動のための力を発生させる

 銅
 カルシウム
 リン
 硫黄

骨格
格子状の複雑な構造からなる石灰化組織と非石灰化組織。力を支える足場になるほか，血球を作り，代謝を行うなどのさまざまな機能を担う

 カルシウム
 ホウ素
 クロム

人間の手は，単純で均一な物などではない。手は，およそ4,000億個の細胞でできている——細胞は，さまざまな役割に特化している，膜に包まれたカプセル型の構造物で，平均0.03ミリメートルくらいだ。君がこの本を持っていられるのは，この小さな"機械"が調和して働いているおかげである。そしてちょうど今，私が文字を打つことができているのも。また，長いタイムスケールで見れば，この小さな機械たちの活動が人類の進化を促してきたと言える。

　私たちの体のほかの部分についても同じだ。地球にいるあらゆる大型動物にもあてはまる。**アフリカの大地溝帯にズームして，ゾウや鳥，虫を，さらにその虫の細胞を見ていくと，生物の世界がどこまでも細分化されていることがわかるだろう**［p.133〜135, 137, 142〜143の図，10^{-3}, 10^{-4}, 10^{-5}］。このようなごく小さな部品が協働しているのは驚くべきことだ。

■複雑さがもつ単純さ

　ただし，この細胞という機械は束の間の存在でもある。人の赤血球の寿命は4か月ほどしかなく，皮膚の細胞は2〜3週間だ。ほかにも，人の結腸にある細胞などはわずか数日の寿命しかない。ただし多くの細胞は，人が亡くなった後も数時間から数日は生き続ける。多細胞生物の細胞は，自分の主人たる生物個体のためだけではなく，細胞自身のためにも活動しているのだ。

　地球には，かなり古くから生物の共同社会があった——初期のシアノバクテリアが作った単純なコロニーを数に入れるなら，少なくとも30億年前までさかのぼることができる。そしてこれまでに，生物はその生存戦略として，多細胞化した変異体を何度も「再発明」してきた。5億〜10億年前になると，さまざまに機能分化した細胞からなる多細胞生物——植物，動物，真菌——が出現した。たくさんの細胞が一緒になって協調することで，その環境で進化的にいろいろと有利になる。**多細胞化によって，今日，生物の重量は，10の22乗もの範囲に分布している**（ウイルスを生物に含めるなら10の27乗倍になる）［p.138〜139の図］。地球上の生命は，最小の細菌（10^{-16}キログラム）から最大の植物や哺乳動物（10^6キログラム）まで，幅広く存在しているのだ。

　細胞が協働するようになると，進化の面でほかの生物より有利になるだけではない。細胞集団がいくつも合わさることで，各細胞集団の総和以上の，何かすごいものが生まれることがある。現に，何兆個もの細胞集団が統合されて，真菌，植物，虫，鳥，そして哺乳動物を形作っている。そして，アルベルト・アインシュタインやエイダ・ラブレイス（最初期のコンピュータープログラマーでバイロン卿の娘），アイザック・ニュートン，マリー・キュリーなどの科学者や，ヴォルフガング・アマデウス・モーツァルト，ヨハン・セバスティアン・バッハ，パブロ・ピカソ，フリーダ・カーロ，メアリー・シェリー，そしてレオナルド・ダ・ヴィンチなどの芸術家たちも生まれてきたのだ。

　細胞集団は，複雑性に満ちた世界に驚くほど単純な法則を生み出すことがある。たとえば動物の基礎代謝率（安静状態の動物が，どのくらいの速さで化学エネルギーを消費するかを表す指標）と体重の間には，数学的

シラミの複眼と
ヒゲの先についた花粉の粒 10^{-4} m

な関係があることが認められている。この関係は、実際に細菌から小さなトガリネズミまで、そして巨大なシロナガスクジラに至るまで、すべての動物に当てはまる——基礎代謝率は生物の体重の3/4乗に比例[*16]して増加するのである。この法則は、体重が10^{22}倍もの範囲に分布している生物全般に当てはまる。

種類も大きさも極端に違うこれらの細胞集団に、どういうわけか、わかりやすい共通法則が現れるのだ。また、生物には驚くべき規則性を示す特徴がほかにもある。たとえば、寿命と成長速度、そして体格も、

[*16]「**基礎代謝率は生物の体重の3/4乗に比例**」：さまざまな生物の基礎代謝率が体重の3/4乗に比例するという法則は、1932年にマックス・クライバーというスイスの生物学者が初めて提唱した。その後、さらに多くの生物のデータを使ってこの法則が本当に正しいかどうかが検証され、盛んに議論されてきた。最近では、この法則が必ずしもすべての生物に適用できるわけではないという説や、この法則のような比例関係にはないとする説も提唱されている

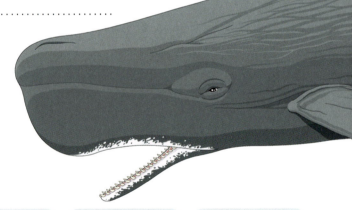

生物の重さの分布

地球の生物の大きさは、単細胞生物から多細胞の大型動物まで、10の10乗の範囲に分布している。重さで比べると、その差は10の22乗倍にもなる（ウイルスを生物に含めれば10の27乗倍になる）

重さ

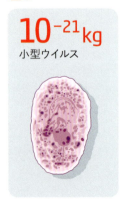

10^{-21}kg
小型ウイルス

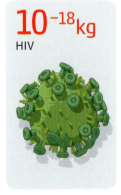

10^{-18}kg
HIV

10^{-17}kg
巨大ウイルス

10^{-16}kg
プロクロロコッカス

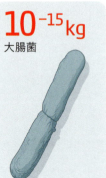

10^{-15}kg
大腸菌

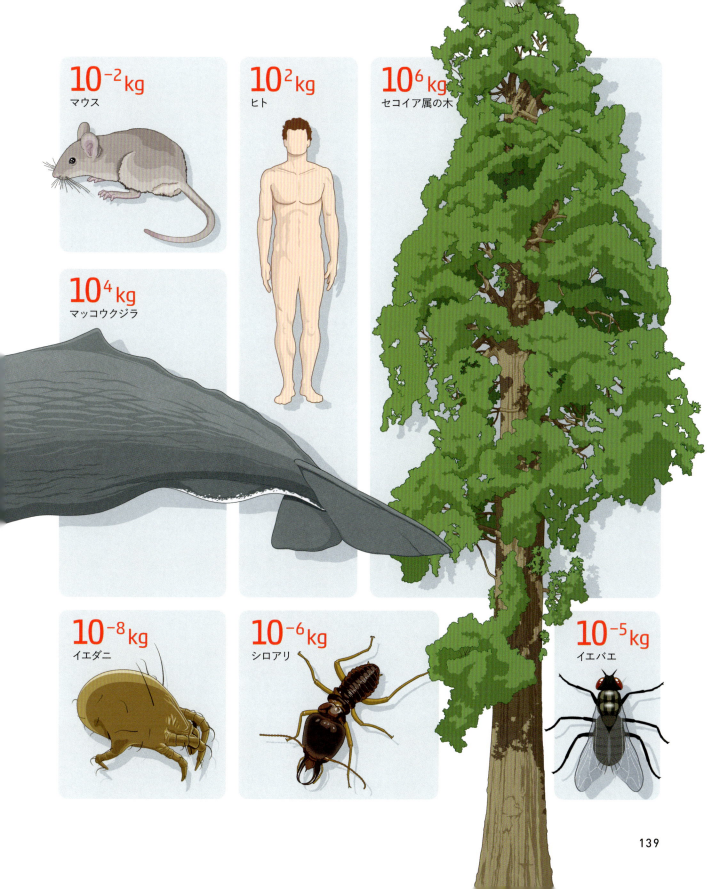

大きさが100倍も違うマウスとクジラが見つめ合う

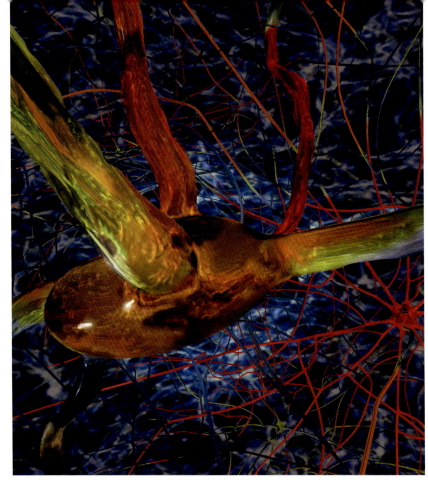

神経細胞の細胞体

それぞれ互いに明らかな数学的関連性がある。

　なぜこんなことが起きるのだろう？　おそらくどれも最適化の表れだ。大まかに言えば，変異が起きた時，それにより最大の利益を上げた生物が有利になるよう，自然選択が働いたのだ。ただし，自然選択が機能するには，体というたくさんの部品からなる複合システムが，生体分子から器官，全身に至るまで協働する必要がある。

　同様のことは多細胞生物の集団行動についても言える。多細胞生物はよく群れを作る。その群れは，まるで新たな独自の法則に従う新種の生物のように振る舞う。集団内の個体はそれぞれが簡単な決まりごとに従っているだけかもしれないが，集団全体でみると，思いもかけないような協調的な行動様式を生み出すのだ。

　そんな協調パターンが，まったく別々の種に共通して現れることがある。たとえば，ムクドリが大きな群れをなして急降下したり身をひるがえしたりする様子は，海を泳ぐニシンの群れに似ている。こうした集団

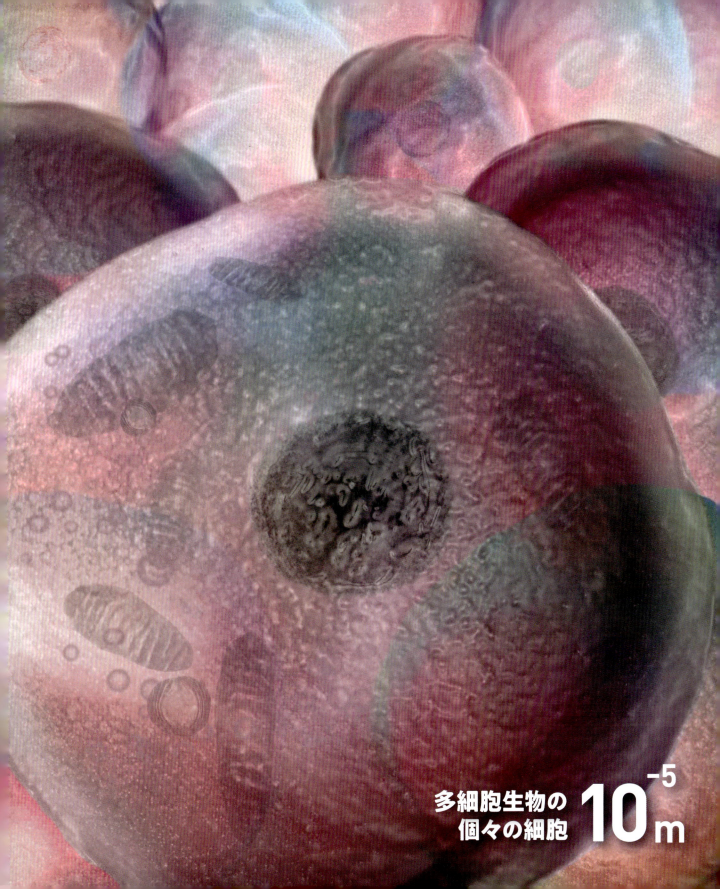

多細胞生物の個々の細胞 10^{-5} m

行動の利点は，どちらもそれぞれの捕食者の知覚を思い切り刺激して目くらましの効果をもたらすことだろう。ただし，まさにその捕食者に見つかりやすくなるという新たな危険を生むことにもなるが。

　人類もまた例外ではない。私たちは社会的な動物であり，言語によって，また（ほとんど言語を使わない動物たちと同じように）共同作業をすることによって結びついている。研究によると，私たちが作った都市にもごく単純な数学的ルールがたくさんあるという。道路や電線の総延長，それにガソリンスタンドの数は，都市の総人口とそれぞれ相関関係がある。人々の賃金，暴力犯罪，そして疾病の発生も同様だ。

　野生生物の集団が，エレガントで単純なやり方で計算問題を解くこともある。たとえば，**アリは1匹1匹が巣穴から餌場までの道筋に「道しるべフェロモン」を残しながら歩く**［p.144～145の図］。その往復の距離が短い経路の方が，同じ時間内にアリが何度も歩くため，フェロモンがほかの経路よりも早く補充される。すると，時間が経てば経つほど多くのアリが短い経路を歩くようになる。その結果，コロニーは餌を得るための最短の道のりを「発見」するのだ。

　あらゆる種において，集団行動の「費用」対「便益」の計算が働いている。単独行動を好む動物もいれば，何百万頭もの群れで生きることを選ぶ動物もいるが，そこには明確な理由があるのだ。私たち自身の社会，文化，金融システム，そして個々人の行動も，間違いなくそのようなルールに支配されている。

　細胞が集まって大きな生命体になることから，新たな行動や能力の出現まで，ここに挙げたすべての性質の根源には複雑性がある。しかし，複雑性それ自体は，もっと基本的な宇宙の特性に根ざしている。その特性とは，私たちがエントロピーと呼ぶもの（乱雑さの指標）である。この先，私たちが旅を続け，さらに小さなスケールに入っていくと，この「エントロピー」と「不確定性」が重要性を増すことがわかってくるだろう。この2つの概念は，君という人間を，君の手を，そして君の細胞を作る"接着剤"の一部なのだ。

8 ミクロの扉の向こう側

■この章で見ていく範囲

10^{-6} m ➡ 10^{-10} m

1マイクロメートル〜1オングストローム（0.1ナノメートル）：
細菌（原核生物）の大きさから，水素原子のおよその直径まで

　この旅が始まった頃，私たちは観測可能な宇宙の果てから私たちの局部銀河群まで，たったの4桁（つまり10,000倍のズーム）でたどり着いた。それは，宇宙全体から――つまり，これまでに明らかになっている時空と物理的性質のすべてから，来歴の異なるふぞろいな銀河がいくつか集まっている領域までの大移動だった。

　さて，準備はいいだろうか。ここからはもっと奇妙な旅になる。次の「4桁」は，1マイクロメートル（10^{-6}メートル）から0.1ナノメートル（10^{-10}メートル）までの，とてつもなく短い旅だ。私たちが認識できる現実の世界を抜け出して，その少し先にあるさらに奇妙な世界へ進んでいこう。

　『不思議の国のアリス』のような世界で，続き部屋を次々に通り抜けて行くところを想像してほしい。部屋と部屋の間は小さなドアで仕切られていて，君はそれを開けて次の部屋に進んでいく。ドアをくぐり抜けるたびに君は10分の1に縮み，目の前にはさらに小さな世界が広がっているのだ。

　最初のドアを開けよう。**部屋いっぱいに，ねばねばした膜で覆われた生き物がいる。細菌だ。**この単細胞生物は，半透明の膜の中に生命活動を行う装置類のスープが収まっている，カプセルのような構造だ。**カプセルの一方の端には，鞭毛というぐるぐる回ったり鞭のようにしなったりする尻尾のようなものが付いている**［p.149の図, 10^{-6}］。カプセルの表面は線毛という細い毛のような無数の突起で覆われていて，カプセルの中には，さまざまな遺伝物質が散乱している。長くくねくねしたDNA鎖の輪や，プラスミドという小さな2本鎖DNAの輪，そしてさらに小さな化合物でいっぱいだ。

細菌のバイオマス（生物量）は炭素で

3,500億～5,500億 t *

と推定されている。これは地球の全バイオマスの

1/3～1/2

に相当する

プロクロロコッカスは，おそらく地球で一番個体数が多い生物種である。表層の海水1mL中に，この単細胞生物が

10万個

以上いる場合もある
全世界では数オクティリオン（10^{27}）個いると推計されている

原核生物は地球の乾燥性バイオマスのうち

5,500億 t

を占めている可能性がある

カイアシ類

はあらゆる動物の種群のうち，最大のバイオマスを占めている可能性がある

典型的な土壌1gには **10億～100億個** の細菌細胞が含まれている

ナンキョクオキアミはバイオマスが最も多い動物種の1つである

5億 t

君の体のすべての細胞のDNAの長さを合計すると

740億 km になる

（地球から月までの距離の19万3,000倍）

全人類のDNAの長さは

5,800万光年

＊ 炭素で500億～2,500億 t というやや小さい数字を算出している研究もある

　この細菌は，十分に成熟した1個の生命体だ。まるで稼働中の化学工場のように，さまざまな化合物が膜を休みなく出入りしている。その活動は見た目と同じくらい得体が知れないが，何かを意図して動いているようにも見える。細菌は化学伝達物質と電気化学的な変化を通して周囲の世界を感知し，それに反応しているのだ。

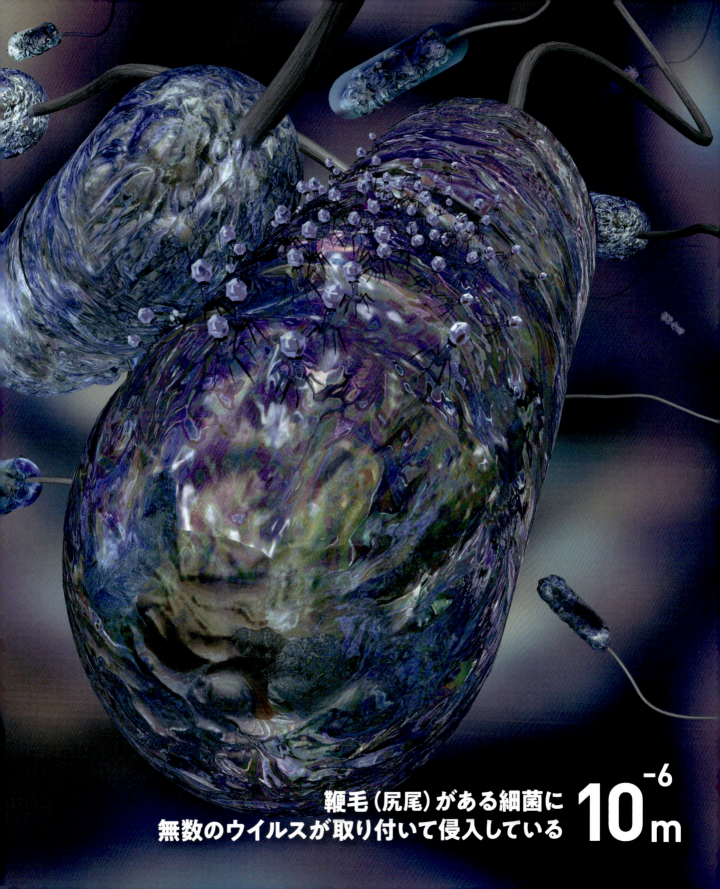

鞭毛(尻尾)がある細菌に無数のウイルスが取り付いて侵入している 10^{-6} m

さて，細菌のそばをすり抜けて，さらにミクロな空間につながるドアへと進もう。**深呼吸をしてドアを開けると，ひときわ奇妙で気味の悪い形の物が空間を占領していた。これは1個のウイルスだ。ウイルスはさまざまな分子の集合体で，でこぼこした殻に包まれている。小さな遺伝物質の鎖——そのウイルスの遺伝情報——を，タンパク質の分子がびっしり並んだ殻が覆っている**［p.151の図, 10^{-7}］。これは生きているのだろうか？　たぶん，君が慣れ親しんでいる意味では生きていない。それでも，ウイルスが何かの活性を持っていることは間違いない。君が見ている間にも，ウイルスは無防備な細胞に穴をあけ，その遺伝物質へたどりつく道を作っている。

ところでこの部屋では，君の視界にもおかしなことが起きる。君の目の前にいるウイルスがはっきりと見えないのだ。普段なら君に世界を見せてくれるはずの光が，この小さな物体に対しては，いつものように相互作用しない。実はウイルスは，人の目に見える光（可視光線）の波長（波の山から次の山までの長さ）よりさらに小さい。そのため，光はウイルスに当たっても，反射したり通り抜けたりとさまざまな振る舞いをする。だから君の目には，ウイルスの姿がはっきりとは見えないのだ。光はただ，かき混ぜられるばかりだ。君は目を細めながら，次の空間につながるドアを押す。

3番目のドアを開けると，そこから先は手探りで進まなければならない。ここではもう可視光線がほとんど役に立たない。その代わりに君は，小さくなった自分の体と，その部屋に潜む物体の間に静電気が働くのを感じる。まるで目隠しでもされているかのようにぎこちなく前進していくと，君の手が不意に何かに触れる。ねばつく何かが，ぶるぶると震えながらそこにいる。

ここは巨大分子の部屋だ。薄気味悪いその物体はリボソームという複合体で，生命活動においてきわめて重要な，タンパク質の合成という役割を担っている［p.153の図, 10^{-8}］。君が触れると，その入り組んだ輪郭が動き，形を変える。**リボソームは別の分子構造にくっつくと，一連の作業を始めた。まるで工場の組み立てラインのようだ。分子でできたアームと回転軸が，アミノ酸などの単純な分子を集め，もっと大きな構造物を組み立てていく**［p.152の図］。

常に激しく動き，振動しているものの，それは洗練された精密なプロセスだ。ものの数分もしないうちに，リボソームは細胞の命を担う重要部品を組み立てていく。そうしてできた紙テープのようなタンパク質がどんどんリボソームから吐き出され，もんどり打って回転しながら，次第に折りたたまれていくのを君は感じとる。

せっせと働くリボソームを横目に見つつ，その突起の部分が電気的な作用でくっついてくるのをよけながら，君はタンパク質を押し分けて先に進む。目指すは，さらに10分の1に縮んでしまう世界の部屋だ。4番目のドアを通ると，さっきのようなひっきりなしに活動しているごちゃごちゃした分子の塊の代わりに，**見たところ規則性と対称性のありそうな，細くねじれた鎖状の分子があった。DNA鎖が，ちょうどリボソームのそばを離れてきたところのようだ**［p.155の図, 10^{-9}］。

ミオウイルス科のバクテリオファージが自分のゲノムを細菌の細胞質に注入しようとしている 10^{-7} m

このスケールになると，君は，近くに空間があるかどうかしかわからない。君が感じられるのは，かすかな静電気に押されたり引っ張られたりする力くらいだ。何かに例えるなら，目隠しをしたまま正体不明の食べ物を味わったり匂いを嗅いでみたりする感じが一番近いだろうか。この部屋には，次のような独特な風味の物がずらりと並んでいる。

　まず，炭素，酸素，窒素，水素などの原子がある。それらが集まると，ヌクレオチドという比較的単純な4種類の分子（アデニン，チミン，グアニン，シトシン）になる。そしてそれらの糖とリン酸の部分が結合して，長いレール状の2本鎖DNAができる。DNAはらせんを描きながら，両方向に長々と伸びている。

　しかし，このような外見の特徴には，もはやそれほど意味がない。本当に重要なのは，これらの物体の「状態」，その電磁エネルギー，振動や回転，そしてまだよくわかっていないその存在パターンだ。DNAの近くを歩き回っていると，君は生体内を行き交うさまざまな要望や懇願が，誘引力や反発力[17]という形で伝わってくるのを感じる。それらは無秩序な騒音のようにも思えるが，実は調和しており，意味のある情報に満ちているのである。

＊17「**誘引力や反発力**」：DNAが記録している遺伝情報は，メッセンジャーRNAに転写され，タンパク質合成装置であるリボソームに渡されることで，新たなタンパク質の合成につながっていく。生命を維持する土台であるこのプロセスは，時々刻々と届く生体からの指令に沿って，できる限り正確に実行されなければならない。その現場では，DNAの転写を調節するさまざまな因子がDNAに結合しようとする力（誘引力）や遠ざけようとする力（反発力）を介して働くことで，必要な遺伝情報の部分だけを転写するための精密なコントロールを実現している

複雑で機能的な形状の
リボソーム 10^{-8} m

■奇妙な世界への境界を越える

　いよいよ5番目のドアを開けて，もう一段階小さい世界に進んで行こう。ただし今回は，その境界線を越えたとたん，ひどく奇妙なことが起きる。君自身の身に変化が感じられるのだ。君は，4番目のドアを開いた時からすでにその変化をうっすら感じていたが，今やほぼ完全にその感覚に支配されてしまった。まるで自分が突然蒸発して，膨張しながらものすごい高さまで吹き上がってしまったかのようだ。

　君はもはや，これまでのようなはっきりした形のある統合された物体ではない。君はあちらこちらに散らばってしまい，こ̇こ̇に̇も̇，あ̇そ̇こ̇に̇も̇，そして向̇こ̇う̇の方にも同時に存在している。そして君の目の前にあるもの——それはたまたま炭素原子だったのだが——それも，同じくらい奇̇妙̇だ。君はどうしても，その原子をはっきりと感じられない。その代わりに，君はその原子と混ざり合い，空間と時間を共有している。君は原子の真正面にいるかと思えば，側面にもいる。原子は侵入してきた君に反応している。**原子は，負の電荷を帯びた静電場に取り巻かれている。それは躍動する雲のようでありながら，まるっきり不定形というわけでもなく，負の電荷の濃淡が決まった姿を描いている。そしてその雲の奥深くのどこかに正の電荷が隠れていて，原子全体を一つにまとめている**［p.157の図，10^{-10}］。

　ようこそ，ここは量子の世界だ。実を言えば，君があのドアをくぐり抜けることで，何かが変化したわけではない——普段はどこかに潜んでいる君の特性の，一つの側面が姿を現しただけだ。具体的に言えば，君はさらに小さくなったせいで「回折」[18]を起こしたのだ。

　普段の君は，1兆の1兆倍のさらに1,000倍個の原子が集合した，1個の原子より100億倍も大きい体として存在している。そして君は秒速数メートルという速さですばやく動き回っている。そんな大きさでは，あるスケールから次の10分の1小さいスケールにつながるドアをくぐる時にいくらか回折を起こしたとしても，君にはわからないし，どんな最新の計測器を使っても検知できない。けれども今，100億分の1（10^{-10}）メートルという微小なスケールにいる君は，涼しい顔で平然とドアをくぐれると思ってはいけない。君はドアをくぐった途端に，物質が持つ粒子と波の二重性[19]——現実の奥深くにある真の姿——に完全に支配されてしまう。これほど小さなスケールの世界になると，万物が確率や統計に支配されている。さまざまな可能性が同時に存在し，しかも，奇妙なやり方で影響を及ぼし合っているのだ。現実の奥底には，こんな不思議な世界がある——そして，だからこそ私たちは存在できるのだ。

---

[18]「回折」：波が前方の障害物に当たった時に，その背後にまで回り込む現象

[19]「粒子と波の二重性」：ミクロな粒子（量子）が波の性質も併せ持つこと。「二重スリット」実験（p.166）が有名

デオキシリボ核酸（DNA）の鎖 10^{-9} m

■炭素の世界

私たちの知る限り，生物は炭素という元素を中心に作られている。なぜそうなのだろう？

炭素原子は偶然にも，あらゆる種類の分子を作るのに都合よくできている。炭素原子はいわば，君がレゴを組み立てる時に必ず使うピースみたいなものだ。炭素原子があれば，どんな大掛かりな作品でも完成させることができるのだ。

炭素原子は6つの電子を持っている。これらの電子がすべてうまく収まっている時，6つのうちの4つ（価電子と呼ばれる）は，容易に別の原子の原子核に引き寄せられ，そこにある電子と空間を共有することができる。量子の言葉で言うなら，炭素原子の周りのちょうどいい場所でこれらの価電子の存在確率が高くなることで，この原子は別の原子と結合することができる——つまり，化学結合が作られるのだ。

たとえば，炭素原子の価電子1個は，別の原子（水素など）の価電子1個と共有結合を形成することができる。この時，その2つの電子は「量子の重ね合わせ」という状態になり，事実上，両方の原子に共有される（これが量子の不思議なところの一つだ。ここからさらに小さなスケールに降りていくと，こうした不思議なことが次々起きる）。炭素と水素が結合してできた新たな分子は，2つの原子が別々にある時より全体としてエネルギーが低くなっている。ここに重要な意味がある。分子のエネルギーが低いほど，その結合が形成される確率が高くなるからだ。

4つの価電子を持つ元素は，もちろんほかにもたくさんある。たとえば，炭素と同じ族で，炭素の次とその次に重いケイ素とゲルマニウムがそうだ。ただしこの2つの原子と比べると，炭素原子の方が軽くて小さく，結合を作ったり切ったりする際のエネルギー変化が少ないという違いがある。そのため，炭素をベースとする分子はすばやく運動でき，無機化学反応などが起きるような低温で結合を作り，維持し，切ることが可能だ。とくに液体の水が存在する場合にこうした特徴が顕著になる。水は非常に優れた溶媒であり，化合物を混合させることができるからだ。さらに，炭素原子は別の炭素原子と容易に結合して長い重合体（ポリマー）を作ることができる。つまり，鎖状構造や枝分かれ構造，そのほかの複雑な構造の分子を作ることもできるのだ。

炭素原子が宇宙のどこからやってきたのかについても，量子物理学が深く関わっている。炭素より重いすべての元素と同じように，炭素は恒星の中で（核融合反応による）元素合成によって作られる。また炭素は，現在の宇宙の中で，水素，ヘリウム，酸素に次いで4番目に量が多い。この豊富さには，宇宙の重要な性質がいくつか関係している。

ほとんどの炭素はトリプルアルファ反応というプロセスによってできる。これは，2つのヘリウム原子核が融合してベリリウム8原子核になり，さらにそこにもう1つのヘリウム原子核が融合して炭素になるというプロセスだ。このプロセスは，すごい偶然がいくつも起きない限りは，炭素を作る方法として非常に効率が悪い。この偶然の一致についての話はかなり専門的なので，核物理学者でもなければ面白くも何ともないかもしれない。それでも，私たちがこの世に存在している理由が実は基礎物理学と深く関わっているのだ

電子の確率密度を表す雲。これを介して、1個の炭素原子は4個の水素原子と結合する

10^{-10} m

と実感できるので，ぜひ知っておいてもらいたい。

　第一の偶然は，ある種の恒星の内部では，ベリリウム8原子核とヘリウム原子核のエネルギーの合計が，励起状態にある炭素12原子核のエネルギーとほぼ一致するということだ。このエネルギーの「共鳴」が起きることが重要で，これにより次の段階の核融合反応（炭素12ができる）が起きる確率が高くなる。第二の偶然は，ベリリウム8原子核の寿命がたまたま十分に長く，あたりを飛び回っているヘリウム原子核の1つを捕獲する機会に恵まれているということ。そして最後の偶然は，新たにできた炭素12原子核は別のヘリウム原子核とのさらなる融合を起こしにくく，すぐに重い酸素原子核に変わってしまわないということだ。炭素が酸素の合成に使われることなく，恒星の内部で炭素のまま存在できるおかげで，**炭素原子は数十億年後に君のDNAの一部になれるのだ**［p.159の図］。

　見方を変えれば，私たちやほかのあらゆる生物が今存在しているということは，このような複雑な物理現象の条件に大いに依存していると言える。これを，生命と宇宙の本質が深いところでつながっているしるしだと考え，「人間原理」に結びつける思想家もいる——私たちが存在し，宇宙を観測するためには，宇宙は「今のように」あらねばならなかった，という考え方だ。または，すべては偶然で，たまたまそうなったにすぎないと考えることもできる——とくに，この宇宙が多宇宙の一部にすぎないのであれば，まさにそういうことだ。宇宙で生命が誕生したことが必然なのかについては，君自身の考えもあるだろう。いずれにしろ，これは夜更けに語り合うのにぴったりの話題だ。

　以上のような原子核にまつわる話と未解明の問題，そしてここまでに見たいくつかの「ミクロの部屋」は，この先の極小の世界のほんの触りにすぎない。私たちはもう量子の世界に足を踏み入れた。さらにこの世界の奥底へと下降し，存在そのものの核心を見に行こう。

炭素原子のたどる道

炭素ほど私たちの暮らしに欠かせない元素はない。私たちの複雑な生化学的営みは，何から何まで，強固でありながら柔軟な分子を作ることができる炭素の結合能力に依存する。君の体にある10^{26}個の炭素原子1つ1つが，偶然と必然に彩られた壮大な歴史を経ているのだ

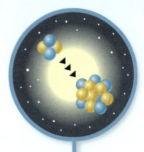

1. 始まり
今から100億年前，宇宙で星の形成が一番活発だった頃，太陽の25倍の質量を持つ巨大な恒星の内部でヘリウム原子核による核融合反応（トリプルアルファ反応）が起き，原初のヘリウム原子核から炭素12原子核が誕生する

2. 100万年後，その恒星が超新星になり，炭素原子核を宇宙にまき散らす。炭素原子核はそこで電子を捕獲して炭素原子になる

3. それから20億年の間，星間空間を漂う

4. 炭素原子が酸素原子と結合して一酸化炭素（CO）になる。COはさらに20億年間，星間空間を漂う

5. COが銀河の中の分子雲/星雲の収縮につかまる

6. COが原始惑星系円盤に巻き込まれる

7. 数百万年後，COは氷を含むちりの粒と反応してメチルアルコール（CH_4O）になり，岩石質の天体の一部になる

13. 3億年後（今から1億年前），CO_2はようやく地表に登場した植物に取り込まれる

12. 約35億年後（今から4億年ほど前），火山の爆発で，炭素は再びCO_2として大気中に放出される

11. 1億年後，石灰岩は地球の上部マントルの中へと沈み込む

10. CO_2が細菌に取り込まれる。細菌の一部となった炭素が海洋底に堆積して石灰岩となる

9. 1億年後，炭素は二酸化炭素（CO_2）分子になって，地球の大気中に放出される

8. 岩石質の天体が，月の誕生直後（今から45億年前）の若い地球の表面に落下する。炭素は地球のマグマの海に溶け込む

14. 植物が恐竜に食べられる。炭素はアミノ酸分子の一部になる

15. 恐竜が死んで分解される。炭素は昆虫に食べられ，昆虫の外骨格の一部になる

16. 昆虫が死んで，内海に堆積した泥の層（シルト）に沈む

17. 内海が干上がってシルト層がむき出しになる。数百万年にわたる侵食により，岩石の粒に含まれていた炭素が洗い出され，表土の堆積物になる

18. その土で人間がジャガイモを育てる。炭素は有機物としてジャガイモに定着する

19. 君がジャガイモを食べる。炭素原子は君のDNAに取り込まれる。この本を読んでいる君の網膜の細胞の中にその炭素原子がいる

10⁻¹¹ m 原子の内部

9 実は、原子は空っぽである

■この章で見ていく範囲
10^{-11}m ➡ 10^{-15}m
10 ピコメートル〜1 フェムトメートル：
X 線の波長から、炭素原子核の大きさくらいまで

　　片手でげんこつを作ってみよう。そのげんこつが、ある原子の原子核の大きさだとする。するとその原子全体の大きさは、げんこつを中心とした半径5キロメートルくらいの球状ということになる [p.162の図]。つまり原子は、その99.9999999999%が空っぽなのだ（原子核の体積は原子全体の1,000兆分の1しかないが、そこに原子の全質量の99.9%が集まっている）。

　この計算でいくと、もし人体のすべての原子の空洞部分を握りつぶしたなら、70億人を超える全人類が、まとめて角砂糖1個の大きさに収まってしまう。宇宙には、重力の作用でまさにそんな現象が起きている場所がある。中性子星は特殊な状態の核物質（縮退物質）からなる天体で、直径が10〜12キロメートルしかないのに、恒星1個分もの質量を持つのだ。

　原子がこれほど空っぽだということから、もう一つ言えることがある。10^{-11} メートル（10 ピコメートル）から 10^{-15} メートル（1 フェムトメートル）のスケールまで降りていく今度の旅は、**ものすごく退屈だということだ** [p.160, 163, 165, 171, 175の図、10^{-11}, 10^{-12}, 10^{-13}, 10^{-14}, 10^{-15}]。君はかなり前に銀河間空間や星間空間を旅したが、今回はあの時よりひどい。あの時は少なくとも分子1個とか、星間ダスト1粒とかがたまには顔を見せてくれた。ところが原子の中は、電子が飛び回ってはいるものの、ほとんどお目にかかれない。電子の実際の大きさは簡単には決められないが（そしてあまり意味がないとすら言えるが）、原子核の1,000万分の1以下だという実験結果もある。

　原子の空洞部分をひたすら通り抜けていく今回の旅が、もし何か少しでも君の役に立つとしたら、それは君を取り巻くその空間の根元的な性質について考える時間がたっぷりあるということだろう。そしてその性質は、8章の最後の扉をくぐった時に君が経験した奇妙な現象とも関わりがある。

君のげんこつが原子核だとしたら，原子全体の大きさはこのくらい

　現実世界の根底にある量子の性質は，宇宙のすべてを見ていくこの旅の中でも，最も納得しにくい概念の一つだ。量子物理学の説明は途方もない話に聞こえるのだが，どうやらこれがこの宇宙の姿なのだ。

　量子物理学を数学的に表し，それを原子の振る舞いなどの自然界の現象にうまくあてはめることで，人類はかつてないほど高精度で正確な予測手段を手に入れてきた。一方，量子レベルの実験では，きわめて高い精度で宇宙の基本的な特性の測定が行われてきた。たとえば，電子の「異常磁気モーメント」と呼ばれる難解だが重要な物理定数が小数点以下11桁以上という驚くべき精度で測定されているが，この数値はすでに，相対論的効果が考慮された量子電磁力学（quantum electrodynamics〔QED〕）によって，同じレベルの精度で予言されていた。

原子の中を進み続ける。
遠くに小さな点が見えてくる 10^{-12} m

極微の世界に関する数理物理学はとりわけ優れている。その体系の中には，波動関数やディラック行列の構築から，粒子と粒子の相互作用を記述するためのファインマン・ダイアグラムという素晴らしく直観的な表現様式まで，応用の効く道具がたくさんそろっている。また，「対称性の群」「ヒルベルト空間」「作用素」「固有値」などといういかめしい名前のついた，強力で，高度に数学的な手法も色々と考案されている。

　しかしそれらの核心にあるのは，やはり直観的には理解しにくいタイプの物理学であり，それが未だに私たちの頭を悩ませている。ハイゼンベルクの不確定性原理によれば，物体や系のさまざまな特性が「相補的な」関係にあり，別々に扱うことができない場合があるという。たとえば，ある粒子の位置と運動量の両方が確定した値を持った状況を作ることはできない。どちらか一方を確定させようとすると，もう一方が確定できなくなるのだ。この不確定性は，私たちがその粒子を観測したことによって初めて生じるわけではない。その粒子がもともと備えている固有の性質だ。

　目に見えないごく小さな物体は，ばらばらの粒子のような性質と，波のような性質を併せ持つ。この2種類の性質は，古典的な力学が通用する肉眼で見える世界では，通常，両立しない。

　科学者たちは，その全体像を解明しようと今も取り組んでいる。そして，**量子の世界のからくりに筋の通った説明を与えようという試みに関しては，次のように意見が分かれている**［p.166の図］。

■量子物理学への3つの道

　たとえば，いわゆる「量子力学のコペンハーゲン解釈」によると，現実とは，確率と統計によって示されたさまざまな可能性のうちの一つと考えるほかない。それは，常にサイコロを振り続けているようなものだ。粒子はまさに神出鬼没で，何かの相互作用が起きない限り，ここにいるともあそこにあるとも言うことができない。そのありかは波動関数で記述される確率分布の雲として与えられ，その正確な振る舞いはシュレーディンガー方程式という数学的な手法で説明される。どこかの時点で粒子を観測する（粒子と相互作用する）と，波動関数が「収縮」して，粒子の位置と性質が決まるのだ。

　コペンハーゲン解釈によれば，波動関数が収縮するまで，粒子は数式が示す可能性の範囲内のあらゆる場所に存在している。そんなのは納得がいかないと思うなら，それはお気の毒さま——自然は，人間が気に入るかどうかなど気にしていないのだ。

　量子力学の基本的な性質はこのような見方で解釈されることが最も一般的だが，これが唯一の解釈というわけではない。20世紀初頭から半ば頃には別の見方が提唱された。その理論によると，個別の，位置が確定している「古典的」実体としての粒子は確かに存在する。ただしそれらは，「パイロット波」と呼ばれるものに導かれているという。パイロット波は粒子の運動を決定し，回折や干渉の起こり方を決める（回折と**干渉は普通なら波が示す特徴だ**［p.167の図］。君は前の章の10^{-10}メートルのスケールで最後の「小さくなるドア」をくぐった時に，少しの間だけこれを体験したはずだ）。量子の実体をこの解釈で理解するには，2つの方程式が必要になる。1つは波動関数，もう1つは粒子の振る舞いと波を結びつける方程式だ。

さらに原子の中心へ
進んでいく **10⁻¹³m**

量子力学の3つの解釈

量子力学は，原子，光子，それに亜原子粒子からなる系については非常にうまく説明できるが，物理学者たちは，このミクロの世界で何が起きているかについていまだに議論し続けている

二重スリット実験

量子力学の奇妙さは，信じられないほど単純な実験で示すことができる。それは，2本の細いスリットをめがけて電子を発射し，スリットの背後にあるスクリーンで電子を検出する，というものだ

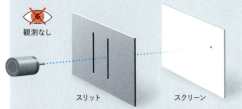

① 電子1個を放射してスクリーン上で検出する。スクリーンに達するまで観測は一切しない

② たくさんの電子を放射するうちに、スクリーンにはっきりした模様が現れてくる

③ 最終的に、スクリーン上の模様は、2本のスリットを波が通過した時に見られる干渉縞の模様と一致する

しかし、もし1個1個の電子がスリットを通るところを検出（観測）すると、干渉模様はできない。観測することで実験に影響を及ぼしてしまう

コペンハーゲン解釈

ニールス・ボーア

放射された電子にはっきりした位置はなく、波のように振る舞いながら両方のスリットを通過する。その後、その2つの"波"が干渉し合い、スクリーン上の模様を作る。電子を放射後、途中で電子を観測すると、"波"が「収縮」してしまい、単に粒子として振る舞うようになる

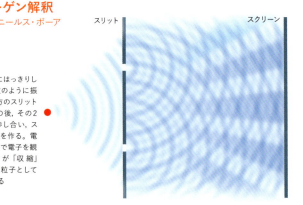

ド・ブロイ＝ボーム解釈、またはパイロット波解釈

ルイ・ド・ブロイとデヴィッド・ボーム

電子ははっきりした位置を持ち、どちらか一方のスリットを通過する。しかし電子は「パイロット波」によって導かれており、この波が作る干渉縞模様により、電子がたどり着く位置を決める。観測するとパイロット波が「収縮」する

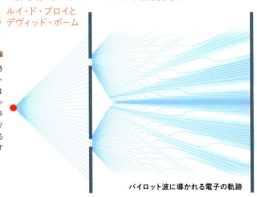

パイロット波に導かれる電子の軌跡

多世界解釈、またはエヴェレット解釈

ヒュー・エヴェレット

私たちの現実世界の電子とまったく同じものが、膨大な数の別世界にもある。二重スリット実験の結果は、これらの世界が電子のいる地点で互いに影響を及ぼし合う、と考えることで説明できるかもしれない

電子はあらゆる可能な進路を進む。それぞれの進路は異なる平行宇宙にある

平行宇宙にある別バージョンの電子と影響し合いながら進む

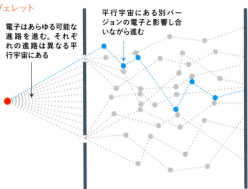

この解釈は,「量子力学のド・ブロイ＝ボーム解釈」と呼ばれている。この解釈でも,コペンハーゲン解釈と同様のさまざまな予測ができる——しかも,粒子は粒子として,波は波としてはっきり区別して扱いながら。またこの解釈では,宇宙は「決定論的」であるとされる。つまり,もし君がこの瞬間に宇宙にある物質のすべての性質を知っているなら,君は未来に何が起こるかも（原理的には）予言できるはずということになる。

　ただし,量子力学には「非局所性」というやっかいな問題も登場する。簡単に言えば,かつて互いに結びついていた2つの粒子——たとえば,同じ亜原子レベルのプロセスで生まれた粒子対——は,宇宙にばらばらに飛び出した後もつながり続ける（「量子もつれ」の状態にある）。そして,2つの粒子がものすごく遠く離れてしまっても,一方の粒子の状態がもう一方の粒子の状態に影響を及ぼしているように見える。この性質は光子や原子でも,あるいはごく小さな固形物を使った場合でも,実験で確かめられている。これもまた,量子の世界のきわめて不思議な側面の一つと言える。

　この「不気味な遠隔作用」について,コペンハーゲン解釈は基本的に「それは,まあそういうものだから」と肩をすくめて言うような立場をとる（ちなみに,この「不気味な遠隔作用」はアインシュタインの言葉で,彼が量子物理学のあらゆる性質に懐疑的であったことを表している）。これに対しド・ブロイ＝ボーム解釈は,「系の波動関数には空間的な限界がない——事実上,宇宙全体に及ぶ——のだから,1つの粒子と別の粒子が同じ波動関数に支配されている限り,いかに離れていようとも,その振る舞いは常に結びついている」という説明で切り抜けようとする。

波が作る干渉模様

現実世界は，1つ1つの出来事ごとに分裂しており，その結果，起こりうる無数の別世界が生まれるのだろうか？

量子力学を説明しようとする方法はもう一つある。「多世界解釈」または「エヴェレット解釈」と呼ばれる考え方だ。この解釈では基本的に，波動関数は特定の事柄が起きる確率を表しているが，「収縮」することもなければ，粒子を「導く」こともない。その代わり，起こりうるあらゆる結末は実際に起きている――ただし，それが1つの現実世界で起きているわけではない，と考えるのだ。

　この解釈は非常に刺激的なメタ理論である。電子が衝突すると，起こりうるさまざまな結果の数だけ別々の現実――平行世界（パラレルワールド）――が生まれ，どの結果もどこかの世界で起こる。光子が屈折や回折したり，放射性崩壊が起きたり，宇宙のどこかで亜原子レベルの出来事が起こるたびに，そうやって無数の現実に分かれていくと言うのだ。言い換えれば，今この瞬間にも，無数に枝分かれしてきた道筋が同時に存在していて，私たちが経験しているのはそのうちたった1つの道筋にすぎないということになる。

　こんな理論を知ったら，物理学が退屈だなんて誰も言えないはずだ。

■色，香り，組み合わせ

　こうして量子について考えを巡らせているのは，原子の空洞部分を下降する間のいい暇つぶしになったようだ。そろそろ10^{-15}メートルのスケールに近づき，万物の原材料というべきものが間近に見えてくる頃だ［p.175の図，10^{-15}］。私たちは今まさに原子核物理の世界に向き合おうとしている。

　あらゆる原子の中心部には原子核がある。一番単純な原子核は1個の陽子からなる。陽子は電子の約1,836倍の質量を持つ，正に荷電した粒子だ。複数の陽子をくっつけるには，中性子という別の粒子も必要になる。中性子は陽子より0.14％だけ重く，電気的に中性の粒子だ。大ざっぱに言えば，原子核は陽子と中性子をだいたい同数ずつ持つ場合に安定しやすい。ただし全体的には，原子核が大きくなるほど，陽子に対する中性子の比率が少しずつ大きくなっていく。たとえば，一番よくある鉄原子の安定原子核は，中性子30個と陽子26個でできている。

　原子核はやっかいな相手である。というのも，陽子と中性子が「強い残留相互作用」という核力を介して，ほかのすべての陽子や中性子の存在を「感じている」ように見えるので，とても複雑なのだ。その結果，原子核全体が示す振る舞いも多彩になる。たとえば，原子核が「興奮」した状態（励起状態）になることもあれば，一対の中性子が原子核の外側にこっそり出てしまうこともある（中性子ハロー）。物理学者たちは長年にわたって，原子核について理解するために，原子核を液体のしずくのようなものとするモデルや，原子内の電子が作るエネルギーの殻構造のようなものを持つ，完全に量子化された物体とみなすモデルを考案してきた。

各元素が原子核に持つ陽子の数は、それぞれ一通りに決まっている。一方で中性子の個数は、1つの元素に対して何通りもあることが多い。これはつまり、元素にいろいろな「同位体」が存在しうるということだ。多くの元素がそれぞれ多彩な同位体を持っており、その中には不安定なもの（放射性同位体）も多い。キセノンとセシウムは同位体数が最も多い元素として知られ、それぞれ36種類という膨大な数の同位体が存在する。キセノンには9種類の安定同位体と27種類の放射性同位体がある。セシウムは安定同位体は1つのみで、放射性同位体が35種類だ。

　同じ元素の同位体の間では、電子を共有したり交換したりする性質に大きな違いはないため、化学的性質が似ている。それでも実際には、同位体の質量の違いや電子のエネルギー準位のわずかな差が組み合わさって、その挙動にさまざまな違いが表れ、それを実際に検出できる。例を挙げると、生物は一般的に軽い同位体を好んで利用する。理由は単純で、軽い原子の方が処理に要するエネルギーが少なくてすむからだ。そこでこの性質に着目して、環境中のサンプルにどの同位体が存在するかを調べれば、生命活動の痕跡を検出したり、その活動を解読したりするのに役立つ。また温度の違いも、各同位体の化学反応速度にそれぞれ異なる影響を及ぼす。その影響で化合物に含まれる同位体の比率が変わり、それが何十万年、何百万年、あるいは何十億年にもわたって明白な印として残ることがある。

　地球は多彩な原子核に満ちている。その起源は、私たちが旅してきたあの銀河の世界だ。私たちの太陽系は星間物質が凝縮してできており、地球にあるすべての原子核は、その10^{-15}メートルの大きさの中に壮大な歴史を閉じ込めているのだ。自然界では、周期表上で鉄までの比較的軽い元素が恒星内部の核融合反応でできる（陽子と中性子が合計56個の時に一番安定となり、反応が止まる）。一方、鉄より重い元素の核融合反応は吸熱反応になる――つまり、反応を開始させるために必要なエネルギーが、反応によって放出されるエネルギーより大きくなる。そのため、鉄より重い元素の原子核は、猛烈な超新星爆発の時にできるか、年老いた非常に重い恒星で長い時間をかけて作られるかのどちらかだ。そのような超高エネルギーの環境では、反応で吸収されるエネルギーが放出されるエネルギーより多いとしても、中性子と陽子の捕獲がぐんぐん進むのだ。コバルト、ニッケル、ウラン、それにプルトニウムがそうした場所でできている。

　さらに人類は、自然界では通常作られない、より大きく重い元素の原子核を作る方法まで編み出した。非常に大きな原子核（超重原子核）には奇妙な性質がある。陽子と中性子の数が著しく大きいにもかかわらず、比較的安定な原子核の一団が存在するのだ。これは原子核自体の内部のエネルギー状態に関係している。現在の最高記録は、118個もの陽子（と176個の中性子）を持つオガネソンだ（以前は「118」を意味するラテン語の「ウンウンオクチウム」という名で呼ばれていた）。ただ、その半減期は890マイクロ秒しかない。

　それにしても、これほどまでの複雑さは、いったいどこからくるのだろう？　厳密に言えば、陽子も中性子も真の基本粒子ではない。実は2つとも複合粒子なのだ。陽子は「クォーク」と呼ばれる3個の粒子（「アップ」クォーク2個と「ダウン」クォーク1個）が「強い力」（別名、色の力）で結びついてできている。強い力は質量のない「グルーオン」をきわめて短距離で交換し合うことで働く。クォークは3分の1という半端な量の

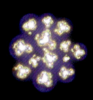

炭素の原子核 10^{-14} m

原子

元素の化学的特性を持つ，最小の要素

原子は，小さくて重い原子核に1個以上の電子が電磁気力で結合している粒子で，原子核よりはるかに大きい体積を占めている

分子は，2個以上の原子が結合した集合体であり，化学物質の基本的単位である。同じ元素だけからなる分子や，異なる元素からなる分子がある

亜原子粒子には複合粒子と素粒子がある

複合粒子

2つ以上の素粒子が複合してできている粒子。原子核にある陽子と中性子は，複数のクォークで構成されている複合粒子である

原子核

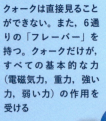

原子

宇宙にある直接観測できる物質の質量のほとんどは**陽子**と**中性子**からなる。**電子**（原子のもう1つの重要な構成要素）は素粒子の一種のレプトンである

分子

物質

素粒子（ほかの粒子で構成されていないもの）

クォークは直接見ることができない。また，6通りの「フレーバー」を持つ。クォークだけが，すべての基本的な力（電磁気力，重力，強い力，弱い力）の作用を受ける

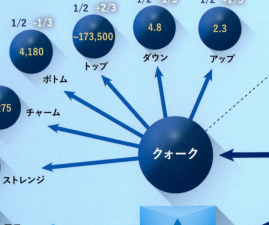

	スピン	電荷	質量
ボトム	1/2	−1/3	4,180
トップ	1/2	+2/3	~173,500
ダウン	1/2	−1/3	4.8
アップ	1/2	+2/3	2.3
チャーム	1/2	+2/3	1,275
ストレンジ	1/2	−1/3	95

亜原子粒子

宇宙に散らばっている構成要素。光子からヒッグスボソン，そしてさらにその先もあると考えられている。質量，電荷，量子力学上の概念である「スピン」などの性質によって，数多くある粒子ファミリーの特徴が決まる。亜原子粒子はさまざまな条件で生成されたり破壊されたりしており，ごく短命なものもある。また，エネルギーと質量は交換可能である

凡例

スピン — 1/2
電荷 — −1/3
質量（単位はメガ電子ボルト） — 95

	スピン	電荷	質量
電子	1/2	−1	0.511
ミュー粒子	1/2	−1	105.7
タウ粒子	1/2	−1	1,776.8

	スピン	電荷	質量
電子ニュートリノ	1/2	0	<0.000002
タウニュートリノ	1/2	0	<18.2
ミューニュートリノ	1/2	0	<0.19

レプトン

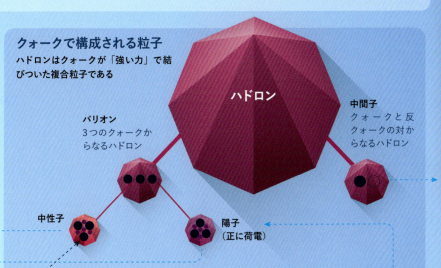

クォークで構成される粒子
ハドロンはクォークが「強い力」で結びついた複合粒子である

- ハドロン
- バリオン：3つのクォークからなるハドロン
- 中間子：クォークと反クォークの対からなるハドロン
- 中性子
- 陽子（正に荷電）

反粒子
さまざまな種類の粒子には，ほとんどの場合，質量が同じで逆の電荷を持つ反粒子がある。たとえば，陽子は2個のアップクォークと1個のダウンクォークでできているが，これに対応する反粒子である反陽子は，2個の反アップクォークと1個の反ダウンクォークでできている。電子の反粒子は正の電荷をもつ陽電子（ポジトロン）だ。光子やグルーオンのような電荷のない粒子は，それ自体が反粒子でもある

「強い力」は陽子，中性子，中間子の中のクォークを結びつけている。また原子核の中の中性子と陽子も結びつけている

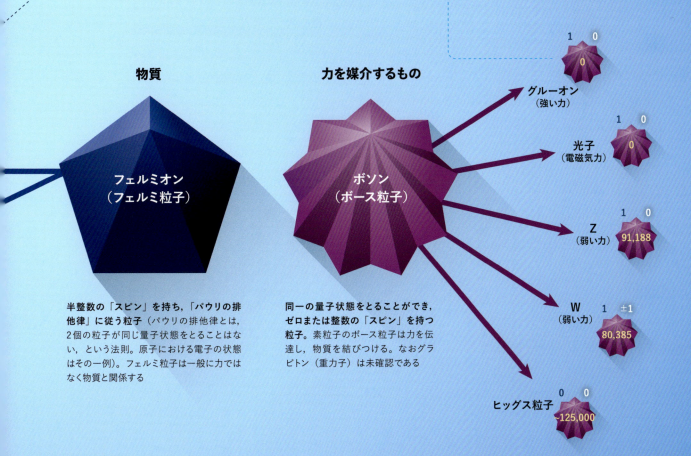

物質
フェルミオン（フェルミ粒子）
半整数の「スピン」を持ち，「パウリの排他律」に従う粒子（パウリの排他律とは，2個の粒子が同じ量子状態をとることはない，という法則。原子における電子の状態はその一例）。フェルミ粒子は一般に力ではなく物質と関係する

力を媒介するもの
ボソン（ボース粒子）
同一の量子状態をとることができ，ゼロまたは整数の「スピン」を持つ粒子。素粒子のボース粒子は力を伝達し，物質を結びつける。なおグラビトン（重力子）は未確認である

- グルーオン（強い力） 1　0　0
- 光子（電磁気力） 1　0　0
- Z（弱い力） 1　0　91,188
- W（弱い力） 1　±1　80,385
- ヒッグス粒子 0　0　~125,000

電荷（1単位が電子1個の電荷に相当する）を帯びていて，すべての「基本相互作用」[*20]（重力，電磁気力，強い力，弱い力）が働く。中性子も複合粒子で，クォーク3個（アップ1個，ダウン2個）からなる。

　ちょっと深呼吸しようか——まだ続きがあるのだ。ここまでは一番軽いクォークの話だ。このほかにも，もっと重いクォークがある（なお，それらは陽子と中性子の中には存在しない）。それらは，「ストレンジ」「チャーム」「トップ」「ボトム」と呼ばれている。アップとダウンを合わせた計6種類の分類の仕方について，クォークは6種類の「フレーバー（香り）[*21]」を持つと言う。また，陽子と中性子の質量の99％は，クォークの運動エネルギーとグルーオンのエネルギーに由来している（なぜ質量とエネルギーが関係しているかは，アインシュタインが相対性理論で示した通り）。クォーク自体は——分離できたらの話だが——質量はごく小さいと予想されている。そして，陽子や中性子の中にそれぞれ3つあるクォークは，膨大な数の仮想粒子（仮想の「クォークと反クォークの対」）にもまれている状態とも考えられている。この仮想クォークを「海クォーク」とも言う。

　まあ，こんな説明じゃさっぱりわからないかもしれないが，ともかく，この未開の世界に——荒々しい亜原子の世界にようこそ。君は原子内部の無の領域を通り抜け，豊富な物質と活動に満ちた，新たな段階に到達したのだ。

　少し落ち着いて考えてみよう。50億年前の私たちは宇宙の塵であり，ばらばらの原子の状態で宇宙空間を漂っていた。原子は，電子とクォーク，そしてグルーオンでできていた。今，私たちは自立した生命体となり，自分自身について，そして私たちを取り巻く宇宙について認識できるまでに進化した。脳にある860億個の神経細胞を駆使し，何世代もかけて数学的な体系を作り上げ，私たちの日常の経験がほとんど当てはまらないような，この世界の根源にある性質までも理解できるようになったのだ。

　このことを，偉大な科学者，アルベルト・アインシュタインが見事に要約している。彼は，感動と共にこう述べている——「宇宙の最も理解しがたいところは，宇宙が理解可能であることだ」。これを，次のように言い換えてもいい——宇宙に宇宙自身を理解する能力があることこそ，理解しがたいことなのだ。

[*20]「**基本相互作用**」：素粒子の間に働く4つの力（相互作用）のこと。まとめて「自然界の4つの力」とも呼ばれる

[*21]「**フレーバー（香り）**」：レプトンのフレーバーも6種類ある（p.172参照）

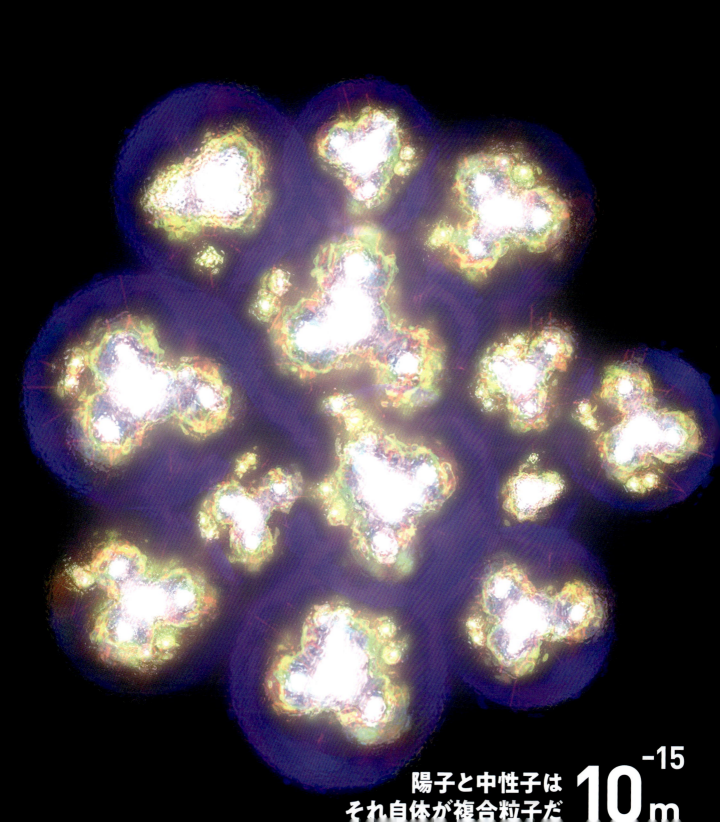

陽子と中性子は
それ自体が複合粒子だ 10^{-15} m

10^{-16} m 複合粒子,陽子のさらに奥へ

10 「場」が満ちた世界

■この章で見ていく範囲

10^{-16} m ➡ 10^{-18} m …… 10^{-35} m

0.1フェムトメートル〜プランク長：
陽子のおよその半径から，無に近い極微の大きさまで

いよいよ私たちの最後の旅だ。ほぼ陽子の大きさにあたる10^{-16}メートルから飛び出して，極微の世界の一番奥まで，一息に落ちていこう。

最終目的地は，ここからさらに19桁も小さな世界だ。旅の初めの頃で言えば，観測可能な全宇宙（10^{27} m）から，地球と月が占めるささやかな空間（10^8 m）までの移動が，ちょうど19桁だった。それほどの大移動を，今度はたった1個の陽子の内部で行うのだ。

陽子の内部は，私たちの想像よりはるかに乱雑で，洗練とはほど遠い［p.178の図］。陽子という複合粒子は，外界からは2個のアップクォークと1個のダウンクォークだけでできているように見えるが，実はそれは全体像のごく一部でしかない。

もっと近寄ってみると，この複合粒子の内側はグルーオンと仮想粒子（クォークと反クォークの対からなる）で混沌としていることがわかる——それらは，不確定性原理の許す範囲内で，不意に現れたり消えたりしている［p.176, 179, 181の図，10^{-16}, 10^{-17}, 10^{-18}］。物質がエネルギーと時間を借りて帳尻合わせをしながら現れては，宇宙の帳簿係が怒り出す前に消え失せるのだ。

もしも，仮想粒子のクォーク–反クォーク対をすべて一瞬だけ消し去ることができたら，そこには2個のアップクォークと1個のダウンクォークが残る。この3つ——混沌の中の非対称な部分——だけが外側の世界から感知されるのだ。

この微小な世界では——しかも，これほど異質な環境では——「粒子」と「波」で現実を解釈するというこれまでの考え方を改めたほうが賢明だ（ただし波に関する数式は，この世界でも重要な言語の一部である）。その代わりに，私たちは「場」と「量子」と呼ばれるものについて考えた方が良さそうだ。

陽子の内部は仮想粒子の海である

■石器から場の理論へ

「場」とは数学的な関数である――関数とは，値を入力すると，それに応じた出力の値を吐き出す代数的なからくりのことだ。場の関数の入力は，たとえば，物理的な位置 (x, y, z) と時間だ。出力される値は，ゴムひもの長さだったり，大気の圧力だったり，特定の場所・時刻における海面の高さだったりする。なお，場という概念はきわめて抽象的なため，物質に限らず，あらゆる量や現象にまで適用されることがある（それこそ難解な数学の群論から，政治家のエゴの範囲まで）。

重要な点は，物理学上の多くの基本現象が場を使って表せるということだ。たとえば，電磁気学は場の数学によって要約できる。一般相対性理論でアインシュタインが定式化した重力理論も同様だ。実のところ，物理学に登場する場の重要なポイントは，その働きを伝える媒体が何であろうと気にする必要がないということだ。

　場は「波」と同じように運動し，変化する。ただしこの波は，特定の状態でしか存在できない。数理物理学的な説明を大幅に割愛すると，場のこのような振る舞いが，「量子」という概念の入り口だ。

　ある場において，エネルギーが特定の振幅と振動数と平衡点（静止レベル）を持つ波を伝播させていくところを想像してみよう。例えて言えば，池に広がるさざ波のようなものだ。ただし今考えている波の場合には，波の振動数は飛び飛びの値しか取れない（離散的である）。これは，ここに存在する波は取りうる最小の振動数（言い換えれば，最長の波長）が決まっていて，それはゼロではない，とも言い換えられる。例えるなら，いくら池を眺めていてもある長さ以上の波長のさざ波は絶対に生じない，という状況に似ているだろうか。

　これが相対性理論における量子場の特徴だ。この「存在しうる最小の振動数」が，実はその場の「量子」1個に相当する。先の，池に広がる一番長い波長のさざ波のように，量子は取りうるエネルギーの最小値が決まっており，そのエネルギーがこれまで「粒子」と呼んできたものの質量に対応する（アインシュタインの有名な式 $E=mc^2$ が定める対応関係だ）。ほかにも，量子色力学や質量を持たないグルーオンにおける場の理論のように，粒子が質量を持たない場もある。

　君は頭がくらくらしていることだろう。だからこれで最後にするが，私たちが普段粒子と呼んでいるものは，実は，「さまざまな相対論的量子場における量子の集まり」であり，「最小の振動数を持つさざ波みたいなもの」であると考えるのが最良だ。それが電子や光子であれ，クォークやグルーオン，あるいはニュートリノからヒッグスボソンまでどんな粒子であれ，粒子とはそのような「場の励起状態」なのだ。

　つまり，私たちが亜原子粒子の物理特性について話す時，実際には場が生み出す振動のことを話している。ヒッグス粒子の検出に科学者たちが沸き返った時，彼らが興奮したのは粒子の発見に対してではない——それによって，ヒッグス場の存在が明らかになるという事実に熱狂したのだ。

　亜原子の世界については次のように考えてもいい。人類の知識には常に限界があり，探求の道具にも制約があるが，私たちはそうした限界に抗いながらこの世界についての知識に磨きをかけてきた。場，波，そして量子は，私たちが探求している「万物の基本要素」のごく一部を説明しているにすぎない。それでもそれらの概念の発見により，幸運にも，これまでに科学が自然界について行ったさまざまな予測の中でも最も正確な理論予測が可能になったのだ。

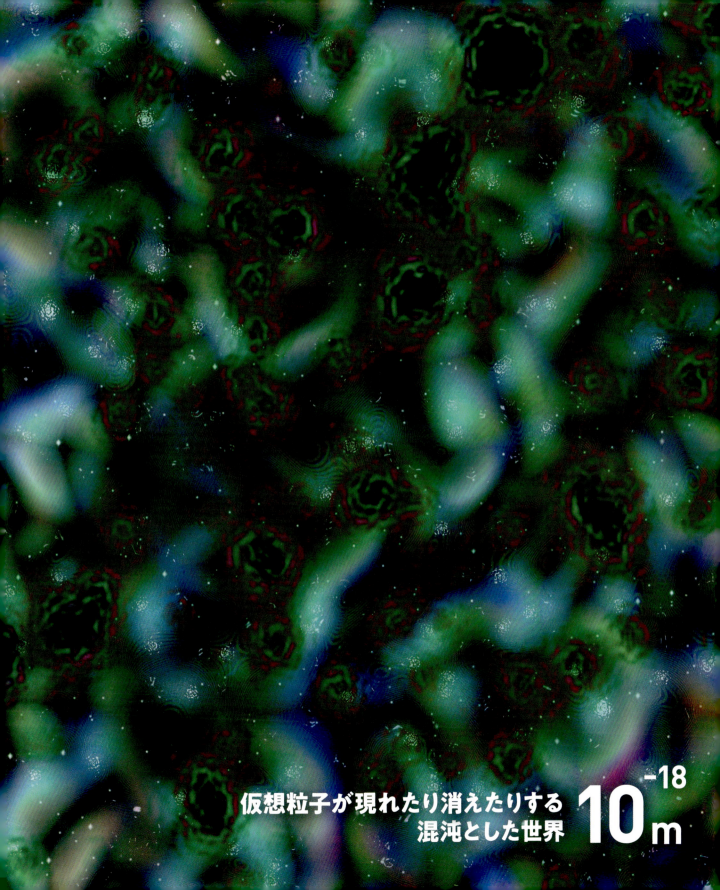

物理的宇宙の解釈

私たちは，数学の言語を用いることで物理的実在の性質をとらえることができる。しかし，純粋数学と物理学の基本法則が支配する世界から，統計力学や複雑性，相対性理論，量子力学の世界へ，そしてさらにその先の世界に降りて行くにつれ，私たちの理解は不完全になっていく

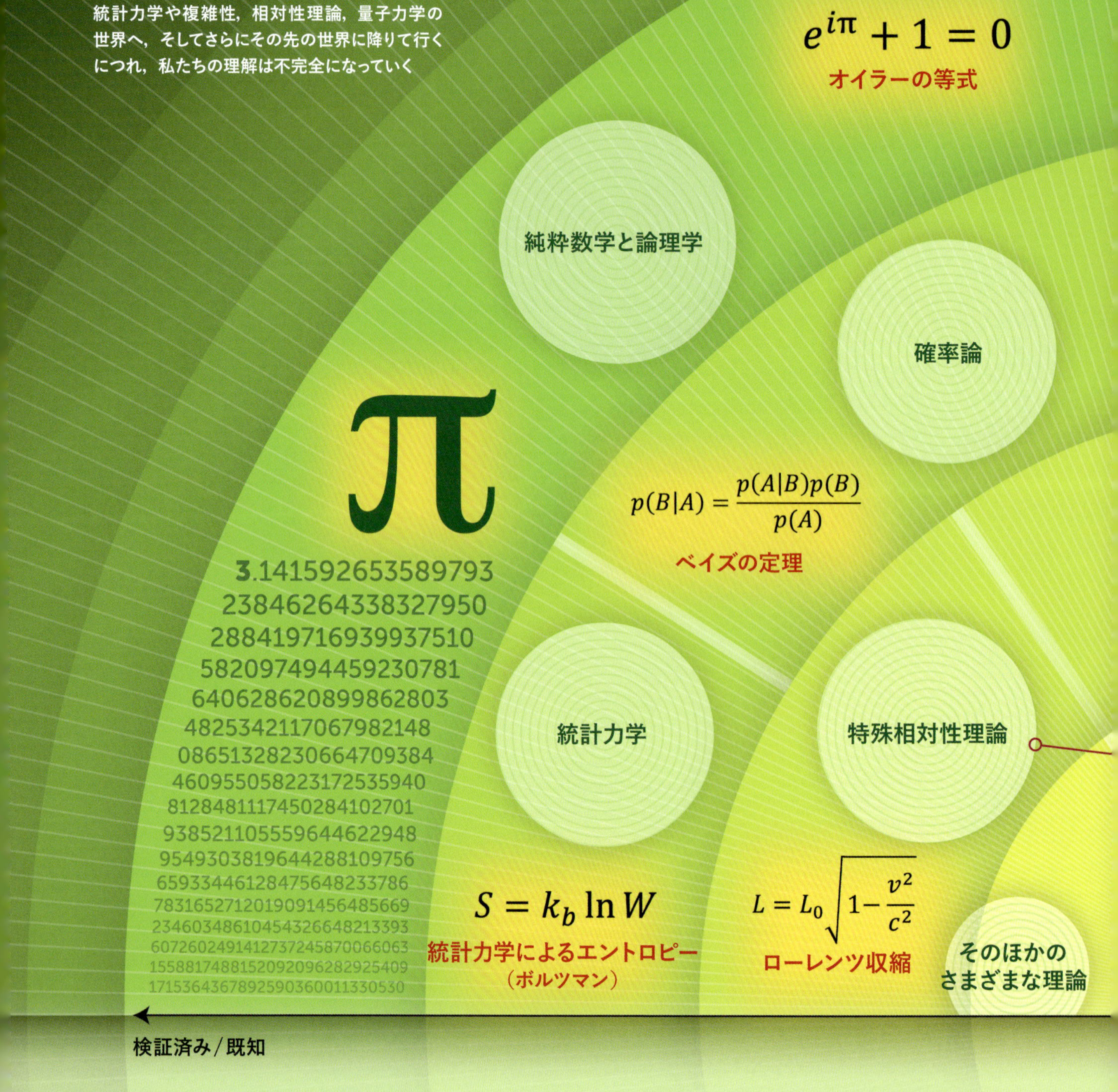

$$e^{i\pi} + 1 = 0$$

オイラーの等式

純粋数学と論理学

確率論

π

3.1415926535897932384626433832795028841971693993751058209749445923078164062862089986280348253421170679821480865132823066470938446095505822317253594081284811174502841027019385211055596446229489549303819644288109756659334461284756482337867831652712019091456485669234603486104543266482133936072602491412737245870066063155881748815209209628292540917153643678925903600113305...

統計力学

$$S = k_b \ln W$$

統計力学によるエントロピー（ボルツマン）

特殊相対性理論

$$L = L_0\sqrt{1-\frac{v^2}{c^2}}$$

ローレンツ収縮

ベイズの定理

$$p(B|A) = \frac{p(A|B)p(B)}{p(A)}$$

そのほかのさまざまな理論

検証済み／既知

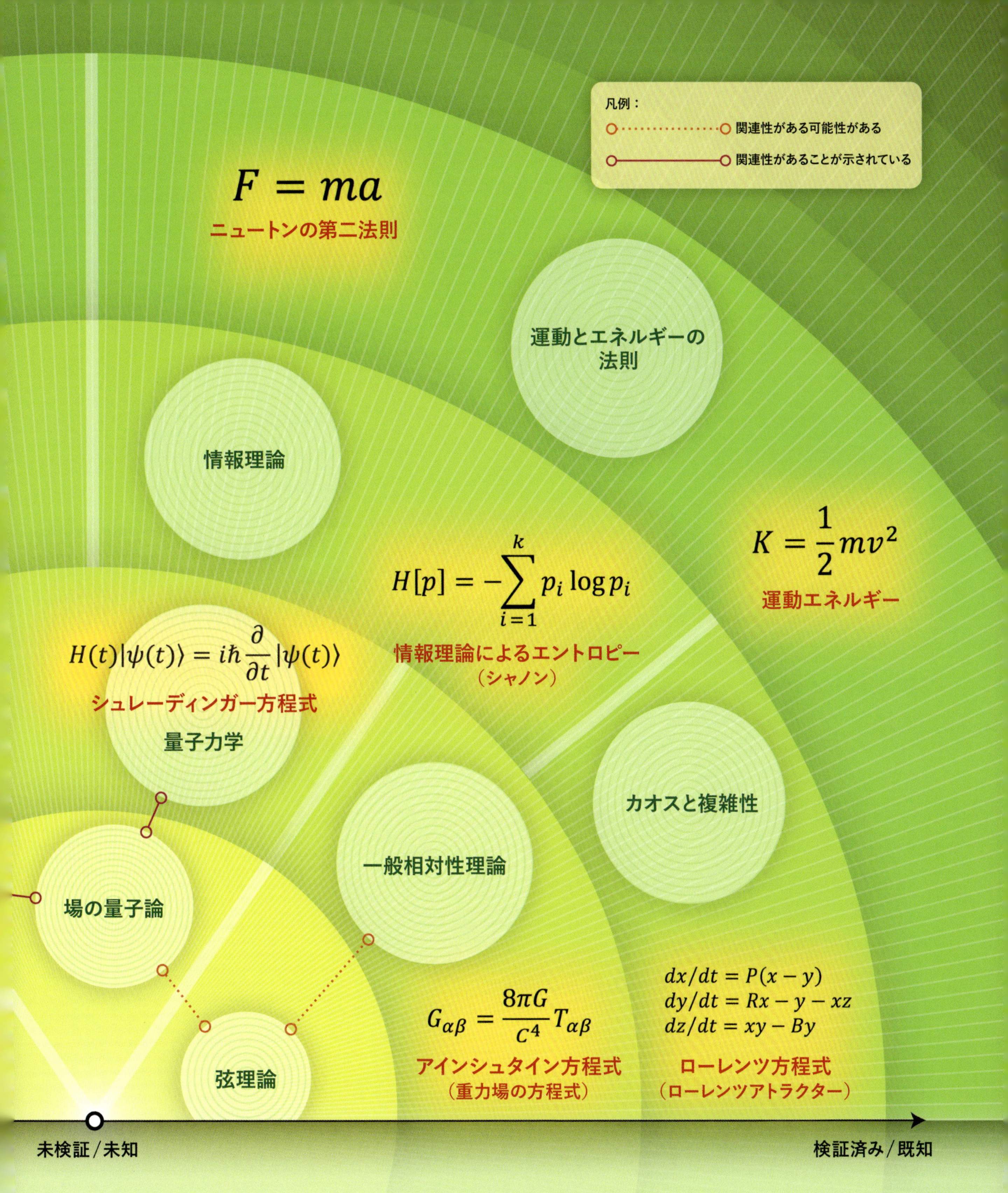

凡例：
○┄┄┄┄┄○ 関連性がある可能性がある
○────○ 関連性があることが示されている

$$F = ma$$
ニュートンの第二法則

運動とエネルギーの法則

情報理論

$$H[p] = -\sum_{i=1}^{k} p_i \log p_i$$
情報理論によるエントロピー
（シャノン）

$$K = \frac{1}{2}mv^2$$
運動エネルギー

$$H(t)|\psi(t)\rangle = i\hbar \frac{\partial}{\partial t}|\psi(t)\rangle$$
シュレーディンガー方程式
量子力学

カオスと複雑性

場の量子論

一般相対性理論

弦理論

$$G_{\alpha\beta} = \frac{8\pi G}{c^4} T_{\alpha\beta}$$
アインシュタイン方程式
（重力場の方程式）

$dx/dt = P(x - y)$
$dy/dt = Rx - y - xz$
$dz/dt = xy - By$
ローレンツ方程式
（ローレンツアトラクター）

未検証／未知 → 検証済み／既知

■旅路の果て

　不確定性原理について現在わかっている範囲では，10^{-35}メートルくらいのスケールになると，あらゆる現象が，私たちが許容できるものではなくなってしまう——少なくとも，既知のさまざまな法則では解釈できなくなる［p.189の図，10^{-35}］。

　光がこの距離（10^{-35}メートル）を進むのに要する時間は，およそ$5×10^{-44}$秒であることがわかっている——これら2つの数は，それぞれ「プランク長」「プランク時間」という。真空の性質から導かれた2つの物理定数だ。これらの数字は，自然界に存在するほかの定数——光の速度（c），万有引力定数（G），プランク定数（h，光と物質の量子に関する定数），そして円周率（π）——を組み合わせることで導かれる[*22]。そのため，プランク長・プランク時間という2つの定数をわざわざ定義することは，一見するとただの数遊びに思えるかもしれない。

　しかし科学者たちは，このスケールで何か重大なことが起きているのではないかと考えている。

　このスケールではもはや，きちんとした測定は行えそうもない。位置や時間という概念そのものが不確定性によって崩壊するためだ。理論物理学者たちは，このレベルでは時空の構造そのものがなめらかでなくなると言っている。時空はなめらかに続くのではなく「離散化」し，それ以上分割できない断片にまで量子化されるのだ。このスケールの世界を把握するには量子重力理論[*23]がどうしても必要だが，それはまだ完成をみていない。

　またこのスケールでは，仮想的なブラックホールが現れたり消えたりしながら，それ自体も場の量子であるかのように振る舞う可能性がある。盛んに議論されている「弦理論」においても，プランク長は意味のある最小の長さであるらしい。つまり，すべての素粒子（弦，場，量子化された重力［重力子］，そしてそれらからできるすべてのもの）を構成する「振動する弦」がそのくらいの大きさと考えられるのだ。

　魅力的な説がもう一つ提唱されている。それは，この極小の世界では，時空そのものが量子の泡になるというものだ。この説が正しいなら，おなじみの単純な空間幾何学では，もはやこのわずかな長さを扱うことはできない。不確定性の猛威により，時空はねじれ，振動し，泡立ち，小刻みに震えているからだ。量子泡という概念は，真空中で出現と消滅を繰り返す仮想粒子（量子）の概念を拡張したものだ。もしかすると，真空に現れるこの仮想粒子の「海」こそ，この旅のはじまりで見た，宇宙を膨張させている暗黒エネルギーと関係があるのかもしれない。量子泡の場合，仮想的なねじれや曲げに揺さぶられているのは時空

[*22]「プランク長・プランク時間を導く式」：この2つの数は，それぞれ次のような式で導かれる。プランク長 $=(hG/2\pi c^3)^{1/2}$，プランク時間 $=(hG/2\pi c^5)^{1/2}$。プランク長が約$1.616229×10^{-35}$メートル，プランク時間が約$5.39116×10^{-44}$秒である

[*23]「量子重力理論」：重力と時空との関係を説明したアインシュタインの一般相対性理論には「量子」という考え方は入っていなかった。このため，量子理論の枠組みでは重力について説明がついていない。物質や光やエネルギーを量子としてとらえることができるなら，重力もまた量子化することができるはずだという考え方から，一般相対性理論を量子の枠組みでとらえ直す量子重力理論の確立が求められている

の構造そのものなのだ。

　私たちは，いつかこの泡の存在を確かめることができるだろうか？　たぶん，いつかは。10^{-19}メートルのスケール（非常に微小だが，10^{-35}メートルの世界にはほど遠い）まで進んでも，時空は依然としてなめらかで規則正しいように見えるということまでは言える。しかし，10倍ずつ下降してきたこのはしごの一番下に潜むものには，今のところ，まだ手が届いていない。

■極大から極小まで

　私たちはこれまでに，10^{27}の世界から10^{-35}の世界まで，60桁以上も旅をしてきた［p.186〜187の図］。今はここを「とりあえずの終着点」としておこう。なおもちろん，私たちは逆にこのプランク長の世界から旅を始めることもできた。膨張し，どんどん視点が上がっていき，最後は，きらきら光る粒や構造に満ちた，観測可能な全宇宙を眺めて終わる旅だ（考えてみればこの宇宙は，さまざまなエネルギーと運動が散りばめられているという意味で，複合粒子の内部とどこか似て見える）。

　それはどんな旅になるだろう。私たちは陽子の深部を出発し，炭素原子内の無の空間を延々と上昇していき，炭素原子が組み込まれているDNAらせんをくぐり，単細胞の細菌の中へと進んでいく。その細菌が付着しているシラミの細胞表面を，そのシラミをくわえた鳥のくちばしを，その鳥がとまっているゾウの背中

私たちを取り巻く宇宙の環境は，私たちの現実のとらえ方に影響している

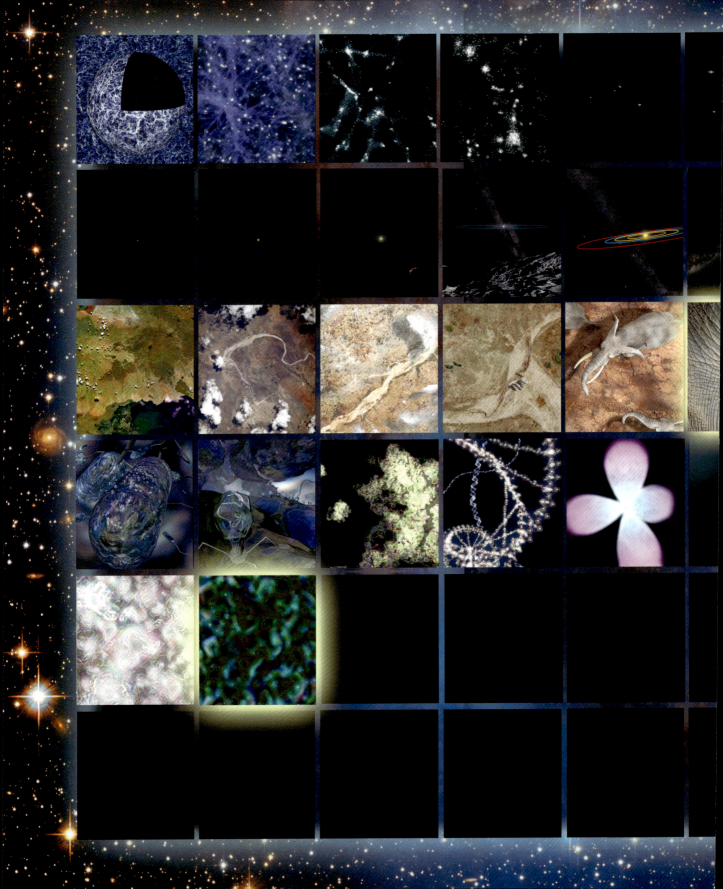

本書の旅のすべてのカット。10倍ずつ拡大していく過程の中で,人類が存在するのは,とんでもなく大きな世界と想像を絶するほど小さな世界の,ちょうど中間あたりである。そして10^{-19}メートルの世界から10^{-34}メートルの世界までの最後の跳躍は,人類の姿が見えるスケールから,陽子の内部までの移動と同じくらいの桁数がある

の硬い皮を目撃し，低木が点在する大地溝帯を見下ろす。さらに，アフリカ大陸を載せた地殻が流動する岩石惑星から，その主星が周囲に展開している「重力の井戸」から脱出し，がらんとした星間空間へと飛び出していく。ガス，ちり，暗黒物質からなる渦巻き銀河が，銀河団が，超銀河団が過ぎ去っていき，最後に，それらが点在する138億歳の宇宙に——ほぼ空っぽなのに膨張し続けている時空構造に——到達することだろう。

　この旅の中継地にどこを選び，各地で何に注目したのかは良い着眼点だ。そこには，私たちがどんな生物であるかだけではなく，私たちが置かれている環境の特殊さも反映されているはずだからだ［p.185の図］。もし100年後や1,000年後にこの本が書かれたら，どんな内容になるだろう？　あるいは，地球から10億光年離れた場所に住む，別の知的生命体が書いたとしたら？

　この仮想の著者，アーティスト，それにデザイナーたち（または同じような仕事をしている異世界の生き物たち）が作る旅の道筋は，どれ一つとして同じではないだろう。地球上の別の大陸にズームしていき，別の環境で生きる生物の一場面が描かれるかもしれない。**あるいは，まったく違う種類の銀河が舞台かもしれない。そこが新たな恒星のゆりかごとなり，地球ではない惑星が住みかとして登場するのだ**［p.191の図］。

　それでも，その道筋の大枠はきっと見慣れたものになるだろう。場や量子や4つの力であろうが，複雑性，創発，組織化が見え隠れする現象であろうが，自然の営みはその根底にあるさまざまな原理に従っている。これらの原理は，あらゆる時空の隔たりを超越する共通言語なのだ——私たちは，その言語をきちんと翻訳する手段さえ身につければいい。

　私たちはいつかきっと，これらの原理をうまく翻訳できるだろう。「解剖学的現生人類」が誕生してから，およそ10万年になる。これは，現在の宇宙年齢のわずか100万分の7（0.0007％）の時間にすぎない。私たちは宇宙の歴史のほんのひとときしか存在していないが，それでもすでに，科学の力によって60桁ものスケールを飛び超えることができる。

　直感的に理解するために，宇宙の年齢を人の一生に例えてみよう。すると，宇宙は人類を生み出すことで，たった5時間で自分自身の現在の理解まで到達したことになるのだ。

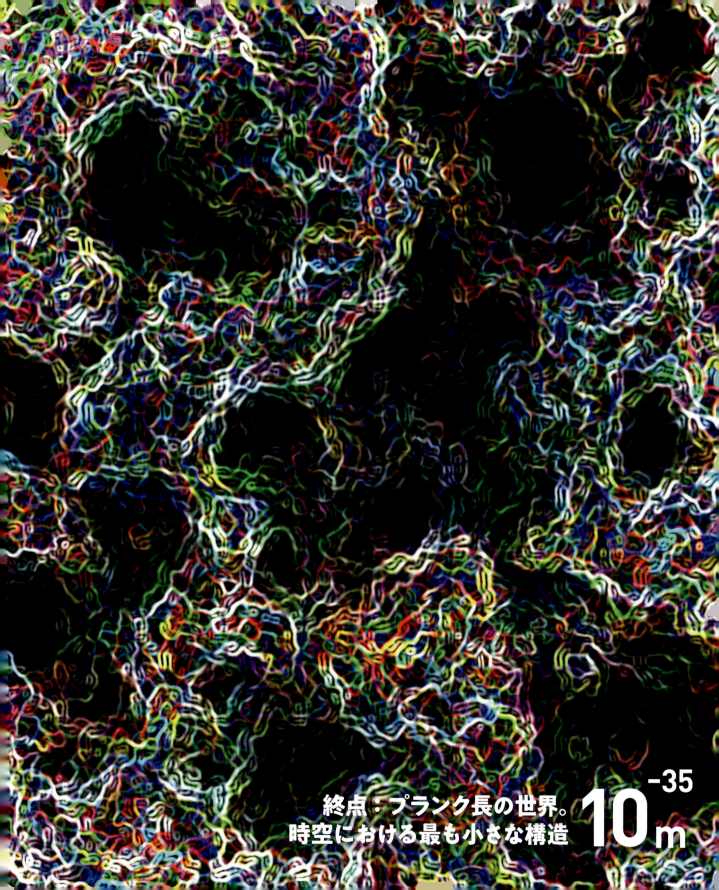

終点：プランク長の世界。
時空における最も小さな構造 10^{-35}m

私たちはコンピューターとアルゴリズムによって，また医学の進歩と知識の蓄積によって，知性を高め，伸ばし続けている。この知性は何より貴重なものだ。だからこそ，70億を超えるすべての人々を大切に育まなければならない。今，この岩石惑星のどこかを歩いている誰かが，私たちの知性を次の段階に引き上げてくれるかもしれない。その誰かは，どこにいても不思議ではない——アフリカからアジア，オセアニアからヨーロッパ，あるいは南北アメリカ大陸のどこかかもしれない。それは，もしかすると君かもしれない。
　だからきっと，次の旅は，この本以上に驚きに満ちたものになるだろう。

地球ではない場所では，また別の物語が生まれるはずだ

極小から極大まで，大きさのスペクトル

それぞれのスケールにどんなものがある？　ざっと見てみよう。

0.001フェムトメートル(fm, 1 fm = 10^{-15}m)以下：Advanced LIGO 重力波検出器が周波数40 Hzでミラーの動きを検出するおよその感度

0.84fm：陽子の有効径

0.1ナノメートル (nm, 1nm = 10^{-9}m)：水素原子の有効径

0.14nm：炭素原子の有効径

0.8nm：アミノ酸の平均的な大きさ

2nm：DNA 二重らせんの直径

4nm：球状タンパク質

6nm：アクチンフィラメント（細胞骨格の一部）の直径

7nm：細胞膜のおよその厚さ

20nm：リボソームの大きさ

25nm：典型的な微小管の外直径（微小管は細胞を構造的に支える「細胞骨格」という機構の一部をなす管状構造物）

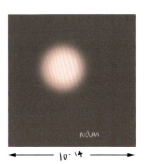

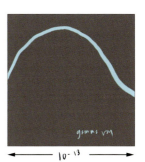

30 nm：既知の最小のウイルス（わずか1,768塩基対の環状一本鎖DNAを持つブタ・サーコウイルス）

30 nm：ライノウイルス（普通の風邪を引き起こすウイルス）

50 nm：核膜孔

100 nm：HIVなどのレトロウイルス

120 nm：大型のウイルス（インフルエンザウイルスを含むオルトミクソウイルスのグループ）

150〜250 nm：超大型のウイルス（ラブドウイルス，パラミクソウイルスのグループ）

150〜250 nm：既知の最小の細菌（マイコプラズマなど）

200 nm：中心子（動物細胞にある円柱状の細胞小器官）

200 nm（200〜500 nm）：リソソーム（真核細胞の細胞小器官の一つで，タンパク質や炭水化物などを分解する酵素の産生に関与する）

200 nm（200〜500 nm）：ペルオキシソーム（真核細胞の細胞小器官の一つで，長鎖脂肪酸の分解を促す）

750 nm：巨大ウイルスであるミミウイルスのおよその大きさ

1〜10マイクロメートル（μm，1 μm = 10^{-6} m）：一般的な原核生物（細菌とアーキア）の大きさの範囲

1.4 μm：糸状エボラウイルスの最大長（幅は約80 nm）

2 μm：大腸菌（細菌）

3 μm：真核生物の細胞内にある大型ミトコンドリアの大きさ

4 μm：小さな神経細胞の大きさ

5 μm：植物の細胞にある葉緑体の長さ

6 μm（3〜10 μm）：細胞核

9 μm：ヒトの赤血球

10 μm（10〜30 μmの範囲）：たいていの真核生物（動物）の細胞

10 μm（10〜100 μmの範囲）：たいていの真核生物（植物）の細胞

90 μm：小型のアメーバ

120 μm：ヒトの卵子の大きさ

160 μm：最大級の巨核球

500 μm：最大級の大型細菌，チオマルガリータ

800 μm：大型のアメーバ

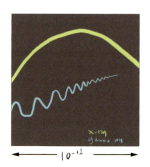

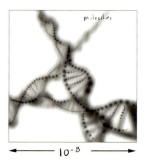

1ミリメートル（mm, 1mm = 10^{-3}m）：イカの巨大な神経細胞（軸索）の直径

40mm：最大級の大型アメーバ（*Gromia sphaerica*）の直径

5.8センチメートル（cm, 1cm = 10^{-2}m）：コビトジャコウネズミの大きさ

12cm：ダチョウの卵の直径

1メートル：典型的なゾウの新生仔の身長

3m：キリンの頸部にある最長の神経細胞の長さ

13m：（メスの）巨大イカの体長

15m：成熟したザトウクジラの体長

32m：成熟したシロナガスクジラの体長

39.7m：ティタノサウルス科アルゼンチノサウルス・フインクレンシスの体長（推定）

3キロメートル（km, 1km = 10^3m）：既知の最大のキノコ，オニナラタケのおよその大きさ（1個体の菌糸の広がり）

8.484km：エベレスト山の標高

10.994km：チャレンジャー海淵の深さ（北太平洋のマリアナ海溝の最深部）

16km：太陽の一番小さい黒点のおよその大きさ

21km：火星のオリンポス山の標高（地表の基準点から測定）

300km：南アフリカのフレデフォート・ドーム（小惑星の衝突によるクレーター）の直径

504km：土星の衛星エンケラドスの直径

950km：太陽に最も近い準惑星ケレスの直径

6,000km：大地溝帯の長さ

6,000km：南極大陸の差し渡しの最も長いところ

6,779km：火星の直径

9万2,000〜11万7,580km：土星の輪のB環の内縁と外縁の半径

16万km：太陽の一番大きい黒点のおよその大きさ

38万4,400km：地球から月までの平均距離

1億4,960万km：太陽から地球までの平均距離

16億4,300万km：赤色超巨星のベテルギウスの直径

42億8,000万km：冥王星と地球の最短距離

86億km：太陽10億個分の質量を持つブラックホールの，事象の地平線の直径

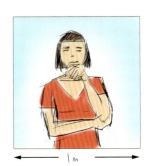

740億km（2.86光日）：一人の人間が持つ全DNAを伸ばしてつなげたおよその長さ

40兆1,400億km：プロキシマ・ケンタウリまでの距離

2,350兆km（2万4,100光年）〜2,690兆km：天の川銀河の中心部までの推定距離

210京km（22万光年）：アンドロメダ銀河（M31）の直径

310京km（32万6,000光年）：はくちょう座A銀河中心部の超大質量ブラックホールが発するラジオ波ジェットの全長

5垓5500京km（5,840万光年［1垓＝1万京］）：全人類（現時点の総人口75億人）のDNAを伸ばしてつなげたおよその長さ

130垓km（13億8,000万光年）：宇宙の大規模構造のスローン・グレート・ウォール（銀河フィラメント）の全長（観測可能な宇宙の約16分の1の大きさ）

2,950垓km（312億1,700万光年）：これまでに検出された最も遠い天体（ビッグバンの4億年後の姿が観測された原始銀河）の共動距離（視線成分）

8,800垓km（930億光年）：観測可能な宇宙の直径（共動距離）

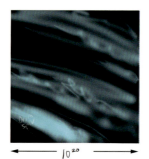

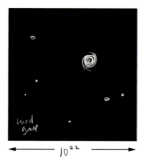

メイキングノート

第1章：宇宙の果てからの出発

　第1章は，旅の計画を示す場面設定の章にすると同時に，私たちの宇宙の途方もない大きさを伝える手がかりにもしたかった。ほこりの粒が舞う部屋の例え話は，最初の頃の原稿では使っていなかった。私は当初，私たちが「宇宙」や「存在」といった言葉で真に意味するものは何なのかを，わかりやすく，しかし詰め込み気味に（そしてたぶん，かなり認識論的に）紹介しようとしていたのだ。別のやり方を提案してくれたアマンダ・ムーンに感謝したい。

　事実と数字については幅広い情報を参照した。その多く，たとえば私たちの銀河にある恒星の数とか，これまでに生まれた人類の総数といった数字は「一般的な知識」だ。しかし，科学者ならすぐにわかることだが，それは「大雑把な近似値」にすぎない。たとえば，天の川銀河にある恒星の数については概算値が今でも盛んに議論されている。私が引用した「2,000億個」という数字から「4,000億個」という数字まで，大きな幅がある。最新の研究では，観測可能な宇宙における銀河の数が以前に考えられていた数より10倍も多いことが示唆されている——つまり，約2,000億個から一気に1兆個以上に跳ね上がったのだ。詳しいことは次の論文を参照してほしい：Christopher J. Conselice *et al*., "The Evolution of Galaxy Number Density at z<8 and Its Implications," *The Astrophysical Journal* 830, no. 2 (2016): 83。

　このような数字の不一致が生まれるのは，恒星や銀河を実際に1つ1つ数える人などいないからだ。代わりの手段として，天の川銀河の恒星の場合であれば，銀河から届く光の量と銀河の質量の推計値，そして個々の恒星による質量と光の量の寄与分から外挿するといった方法が使われる。銀河の質量と成分についての興味深い論文を2つ挙げておこう：Jorge Peñarrubia *et al*., "A Dynamical Model of the Local Cosmic Expansion," *Monthly Notices of the Royal Astronomical Society* 433, no. 3 (2014): 2204–22, Timothy C. Licquia and Jeffrey A. Newman, "Improved Estimates of the Milky Way's Stellar Mass and Star Formation Rate from Hierarchical Bayesian Meta-Analysis," *The Astrophysical Journal* 806, no. 1 (2015): 96。

　宇宙論の最新の知見については，平易に説明した素晴らしい書籍が何冊もある。時代を経てなお卓越しているものとして，スティーヴン・ワインバーグが簡潔に書いた *The First Three Minutes: A Modern View of the Origin of the Universe* (updated edition, New York: Basic Books, 1993)〔『宇宙創成はじめの3分間』スティーヴン・ワインバーグ著，小尾信彌訳，ちくま学芸文庫，2008年〕と，古典とも言うべきジョン・グリビン

のIn Search of the Big Bang: The Life and Death of the Universe（new edition, New York: Penguin, 1998）〔『宇宙はどこからやってきたか――ビッグバンの探究』ジョン・グリビン著，野本陽代訳，TBSブリタニカ，1988年〕がある。比較的新しいところでは，ローレンス・クラウスの挑戦的で優れた著作A Universe from Nothing: Why There Is Something Rather Than Nothing（New York: Free Press / Simon and Schuster, 2012）〔『宇宙が始まる前には何があったのか?』ローレンス・クラウス著，青木薫訳，文春文庫，2017年〕，そしてショーン・キャロルのThe Big Picture: On the Origins of Life, Meaning, and the Universe Itself（New York: Dutton, 2016）〔『この宇宙の片隅に――宇宙の始まりから生命の意味を考える50章』ショーン・キャロル著，松浦俊輔訳，青土社，2017年〕の関連部分をお読みいただきたい。

　この章では，「私たちの宇宙は現時点の宇宙の地平線より250倍以上大きい可能性がある」というアイデアに触れている。これは次の論文を参考にした：Mihran Vardanyan et al., "Applications of Bayesian Model Averaging to the Curvature and Size of the Universe," Monthly Notices of the Royal Astronomical Society 413, no. 1（2011）: L91–L95。「全」宇宙は，もっとずっと大きいとする説がいろいろある――しかしまあ，実際にはまだ，まったくわかっていない。初期宇宙のインフレーションを考慮に入れると，ほとんどどんな数字でも――最大で10の10乗の10乗の122乗まで――好きなように言えるのだ。この数字は次の論文にある：Don N. Page, "Susskind's Challenge to the Hartle-Hawking No-Boundary Proposal and Possible Resolutions," Journal of Cosmology and Astroparticle Physics 2007, no. 1（2007）: 004。なるほど，大勢の物理学者がしまいには金融界に行ってしまうわけだ。

　多宇宙のアイデアは魅力的で論理的なところもあるが，「冗談だろ」と感じる部分もある。たしかに物理学の領域には，これと同じ方向性の理論的アイデアが多数あることを認めざるを得ない。しかし古い格言にあるように，「途方もない主張には途方もない証拠が必要である」――そして，その証拠はまだ私たちの知るところではない。

　宇宙の泡構造（「宇宙のクモの巣」という言い方もある）は，宇宙の驚くべき側面の一つだ。この大規模構造は主に，初期宇宙における物質分布に対する重力の働き方と，その物質の初期の速度場によって決まる。宇宙の物質分布については，Sloan Digital Sky Survey（www.sdss.org）と6dF Galaxy Survey（www.6dfgs.net）という2つのプロジェクトが重要な知見を示してくれている。

第2章：銀河の中へ

　宇宙は（どのスケールで見ても）全体的に空洞だらけだ。こんなことは，何か極端な思考実験でもしてみなければ受け入れられるものではない。ここでは計算を簡単にするために，すべての恒星の物理的な大きさは等しいと仮定した。しかし，もちろん実際はそうではない――たいていの恒星の大きさは太陽の半径の約70%未満で，まれに1,000倍以上の大きさの巨星もある。太陽の半径を平均値とみなすのは，かなり粗

削りなやり方だ。私はこの章でブラックホールについての説明をじっくり検討してみたが，物理的にありえることとありえないことを明確にしておくことが重要だと感じている。ブラックホールの物理的な大きさ（事象の地平線までとした場合）と質量の関係が，「通常」の物質の場合とは違うという事実も，直感ではなかなかわかりにくいものだ。

　星間空間と銀河間空間における物質の密度についての数字は，よくある平均的な値を示した。実際にはかなりの変動がある。データの情報源は1世紀に及ぶ天文学による観測値である。

　宇宙をきわめて大きなスケールで見てみると，物質の密度には，そもそも初めから偏りがあった。それが非常に興味深い形で現れているのが，銀河と銀河の間に横たわるボイドである。ボイドでは「自動お掃除機能」が働く傾向にある。物質密度の低い領域（差し渡し約1,000万〜1億光年以上もある）は宇宙の膨張率がいくらか大きいからだ。ボイドの中にある銀河には，少し変わった歴史や特徴も垣間見える。この点を解説したレビュー論文を紹介しておこう：P.J.E. Peebles, "The Void Phenomenon," *The Astrophysical Journal* 557, no. 2（2001）: 495–504。

　天の川銀河，アンドロメダ銀河，そしてその他のあらゆる伴銀河を観測する能力は，この20年で大きく進歩した。観測機器や計算能力が進化したことで，新たな小銀河が数多く発見されている。これはまさに「ビッグデータ」の好例だ。天文学者は数百万〜数十億個の恒星をマッピングして分析することで，天の川銀河の恒星が織りなすベールの奥に隠された，かすかなシミのような銀河も識別できるようになった——私たちが天の川銀河以外の宇宙を研究する際には，いつもこのベールを透かしてみなければならない。たとえば，次の文献を読んでみてほしい：Martin C. Smith *et al*., "The Assembly of the Milky Way and Its Satellite Galaxies," *Research in Astronomy and Astrophysics* 12, no. 8（2012）: 1021。

　暗黒物質の問題は，私たちが必死に頑張っているにもかかわらず，まだ解明できていない。まさに今，物理学の世界では，暗黒物質が私たちの考えよりずっと奇妙な性質を持っている（もっと気まぐれな性質の粒子でできている）か，私たちがひどい勘違いをしているかのどちらかだという意見が強まっている。

　もし天の川銀河の中心部を実際に見ることができたら，そこはあっと驚くような世界に違いない——それに比べれば，私たちは人里離れた薄暗い洞窟で暮らしているようなものだ。実際に誰か（何か）がその場所を見ているかどうかは，私たちにはもちろんわからない。42〜43ページのイラストでは，その環境がまばゆい光に満ちていることを表現してみた——あの絵を作るのは実に楽しい作業だった。

　天の川銀河を説明するのは少々やっかいだ。なぜなら，実のところ私たちはまだその全貌を解明できていないからだ。その主な理由は，私たちからは天の川銀河が簡単には見えないから。つまり，私たちがあまりにも天の川銀河の奥深くに存在しており，草むらに埋もれて周りを見回すような状態だからだ。今後の進展があることを願う。現在，天の川銀河の地図を一部だけでも大幅刷新することを目指して，ガイア計画などの宇宙望遠鏡ミッションが進行中だ。ガイア計画については，欧州宇宙機関（ESA）のウェブサイト（http://sci.esa.int/gaia）をご覧いただきたい。

銀河の大きさについてのインフォグラフィック (p.36〜37) は実に素晴らしい。天の川銀河とほかの銀河の大きさの対比は、これまで何年も議論されてきた。しかし今では、異様に大きい銀河がいくつか存在することがほぼ確実になっている。この件については、たとえば次の論文が参考になる：Juan M. Uson *et al.*, "Diffuse Light in Dense Clusters of Galaxies. IR-Band Observations of Abell 2029," *The Astrophysical Journal* 369 (1991): 46–53。

　銀河の渦を巻く運動により、各恒星の位置は刻々と変わっていく。私たちの太陽も同じだ。C. A. Martínez-Barbosa *et al.*, "The Evolution of the Sun's Birth Cluster and the Search for the Solar Siblings with *Gaia*," *Monthly Notices of the Royal Astronomical Society* 457 (2016): 1062–75などの論文を参照してほしい。

第3章：太陽系ができるまで

　この章の範囲は、扱いがとても難しい。実は、ほぼこの章の範囲にあたる10光年から92光時までの旅の風景——太陽系にズームインしていくところ——は、人間にとってはたいして面白くないのだ。私たちは頭から湯気を出しそうになりながら、どうするべきかを考えた。現実的で退屈な章のままにしておくこともできたが、そうすると過去と現在の深いつながりを見逃してしまうことに気がついた。大昔からずっとこんなに退屈な場所だったわけじゃなかったんだ！　そういうわけで、この章では空間的にズームインするとともに、時間的にも (そして物質の状態にも) ズームすることにした——約50億年前がスタート地点だ。

　宇宙に最初に登場した恒星たちはきわめて重要な存在だが、いまだによくわかっていない部分がある。次の論文を参照してほしい：Volker Bromm, "The First Stars," *Annual Review of Astronomy and Astrophysics* 42 (2004): 79–118。

　恒星がどのようにして元素を作り、どのように宇宙にまき散らしたかについて書いたら、それだけで1冊の本になるだろう。そして実際に書いた人たちがいる。素晴らしい1冊がある：Jacob Berkowitz, *The Stardust Revolution: The New Story of Our Origin in the Stars* (Amherst, New York: Prometheus Books, 2012)。

　宇宙物理学の中でも、恒星と原始星円盤、原始惑星系円盤、そして惑星の形成過程は、今まさに注目のトピックスだ。実際に、あふれんばかりの新たなデータが得られつつある最先端の領域でもある。本章のイラストにはそれらの新データを反映させた (この本全体の中でもとくに私のお気に入りだ)。ハッブル宇宙望遠鏡などの観測衛星は別として、一番わくわくする画像や発見をもたらしてくれるのは、南米チリの標高5,000メートルの高原に設置されているアルマ望遠鏡だ。とにかく素晴らしい：www.almaobservatory.org。

　太陽系誕生の最終段階にまつわる疑問点 (地球に水があること、火星の大きさ、太陽に近い惑星の奇妙なほどの少なさ) も、現代科学の最先端領域だ。この分野のレビュー論文の一例を挙げておこう：S. Pfalzner *et al.*, "The Formation of the Solar System," *Physica Scripta* 90, no. 6（2015）: 068001。

　天文学者たちが，今現在の太陽系のことを「化石」のようなものだと言うことがある。それは間違った例えではない。この太陽系で最もエネルギッシュかつ多彩な活動があったのは，46億年も前なのだから。私たちが生きているのは，そんな創成期の遺物がゆるやかに進化を続けている環境にすぎない。この問題については，次の論文などが参考になる：John C. B. Papaloizou and Caroline Terquem, "Planet Formation and Migration," *Reports on Progress in Physics* 69, no. 1（2006）: 119。

第4章：惑星, その多彩な顔

　重要情報開示：実は原稿段階では，この章が第1章だった。私は太陽系のスケールと私たちの日常のスケールをつなぐ方法を見つけ出したかったのだ。しかし，それは難しかった。夜空に向けて懐中電灯を振るエピソードは，自分が子供の頃にそんなことをして，光のビームが上空に行くほどかすんでいるのを眺めた記憶が由来だ。あの時の光子は（あるいはその一部は）今も宇宙のどこかを駆けている――そう考えただけで，なんてわくわくすることだろう！

　系外惑星は，言うまでもなくビッグニュースだ。どのくらいの数の恒星が周りに惑星を持っているのか，私たちは1990年代半ばまでまったく知らなかった。それが今や，基本的にすべての恒星に惑星があることがわかっている。私の著書 *The Copernicus Complex*（New York: Scientific American / Farrar, Straus and Giroux, 2014）は，ほかのさまざまな惑星にまつわるサイエンスを深く掘り下げている。情報源は他にもたくさんある。系外惑星についての最新の生データを直接じっくり見たければ，次の2つのサイトがとても有用だ：http://exoplanet.eu（The Extrasolar Planets Encyclopaedia），http://exoplanets.org。

　系外惑星の数を統計学的に推定することは，これまでに多くの研究者が行っている。優れた論文を2つ挙げておこう：Courtney D. Dressing and David Charbonneau, "The Occurrence of Potentially Habitable Planets Orbiting M Dwarfs Estimated from the Full *Kepler* Dataset and an Empirical Measurement of the Detection Sensitivity," *The Astrophysical Journal* 807, no. 1（2015）: 45, Daniel Foreman-Mackey *et al.*, "Exoplanet Population Inference and the Abundance of Earth Analogs from Noisy, Incomplete Catalogs," *The Astrophysical Journal* 795, no. 1（2014）: 64。

　「荒野の一匹オオカミ」型の惑星については，まだ少し議論があるが，重力マイクロレンズ法によるデータから証拠が得られている。私の推測では，一部の研究はその数を実際より大きく見積もっているかもしれないが，軌道が不安定になり，その惑星の故郷の惑星系からはじき出されてしまった孤独な惑星は，実際にいくつかあると思う。

　78ページのプロキシマbの地表から見た眺めのイラストには，かなり多くの科学的知見を反映させている。プロキシマbはフレア活動の活発な低質量の（赤っぽい色調の）恒星に近接している。そこから，この惑

星の大気を保つためには強い磁場が必要ということもわかる。磁場があれば，大気中でオーロラが発生しやすくなるだろうし，地球物理学的に見て活動的な別の惑星と連動することもあるだろう。そこで，このようなさまざまな特徴を表現した。

　物理学と地球物理学の多くの事柄に言えることだが，私たちは惑星内部の様子を単純化しすぎている。その理由の一つは，私たちが，もっと適切な方法を選べるほどの情報を持っていないから。そしてもう一つは，私たちは，対象を直感的に把握する時に物理系を単純化することを好むからである。もし地球のような岩石惑星が本当はどのくらい複雑なのかを知りたいなら，次のような論文で地球物理学の最新研究に触れてみてほしい：Kei Hirose *et al*., "Composition and State of the Core," *Annual Review of Earth and Planetary Sciences* 41（2013）: 657–91, George R. Helffrich and Bernard J. Wood, "The Earth's Mantle," *Nature* 412（2001）: 501–7。

　私が本書の原稿を書き始めたのは，アメリカ航空宇宙局（NASA）のニュー・ホライズンズ計画が冥王星系を通過する歴史的なフライトを達成してから数か月たった頃だった。どんな成果が期待できるかを本当にわかっている人などいなかったし，冥王星がいかに面白く，いかに複雑であるかを予想している人もあまりいなかったと私は思っている。この氷の世界は，私たちの考え方を劇的に変えることになった。惑星系の端っこの極寒地帯の始まりのあたりに貼り付いているからと言って，その惑星が不活発で退屈だと決まったわけではないのだ。このサイトを見てほしい：http://pluto.jhuapl.edu。

　私は潮汐現象をとても面白いと思っているので，もちろん本書にも取り入れた。惑星の潮汐はエネルギーの散逸を引き起こす。このエネルギーとは，惑星または衛星（場合によっては太陽も！）が持つ自転のエネルギー，そして公転のエネルギーだ。これらのエネルギーがゆっくりと失われることで，物体の形や，宇宙空間に描く軌道の形が実際に変わるのだ。「外衛星」の関与についての専門的な研究として，おこがましいことだが私自身の論文を挙げておきたい：C. A. Scharf, "The Potential for Tidally Heated Icy and Temperate Moons around Exoplanets," *The Astrophysical Journal* 648, no. 2（2006）: 1196–205。

第5章：地球という惑星

　この章の冒頭では，独自の見解をいくつか強調したかった。その一つは，「私たちのイメージする地球の姿は，実は現時点でたまたまそうなっているだけのものにすぎない」という事実だ。46億年の歴史を通じて，地球が今のような姿だったことは（もし以前にあったとしても）ごくまれだ。そして，そのような状況は将来にわたって続くだろう。もう一つ，私たちが常々当たり前のことと思っているこの惑星のさまざまな特徴のことについても，あらためて言っておきたかった。たとえば，地球の表面にある水の体積割合を示した図は非常に印象的だ。地球は水の惑星と言われているが，実は全部の海を足し合わせても全然大した量じゃないのだ！　アメリカ地質調査所（USGS）のウェブサイトには，貴重な情報が満載されている：https://

www.usgs.gov, http://water.usgs.gov/edu/earthhowmuch.html。

　地球で一番古い岩石については，まだ少し議論が続いている。それでもジルコンには注目せずにいられない。ジルコンについての優れた研究の一例として，ジルコン内部に含まれていたダイヤモンドの発見についての報告がある──これは40億年以上前の地球の地殻変動プロセスについての手がかりになる。Martina Menneken *et al*., "Hadean Diamonds in Zircon from Jack Hills, Western Australia," *Nature* 448（2007）: 917–20をお読みいただきたい。

　地球の大気を酸素で汚染した生物のことと，その汚染の正確な時期については，今も諸説ある。Donald E. Canfield *et al*., "Oxygen Dynamics in the Aftermath of the Great Oxidation of Earth's Atmosphere," *Proceedings of the National Academy of Sciences* 110, no. 42（2013）: 16736–41などの論文が参考になるだろう。現在の標準的な見解は，シアノバクテリアが大気中に酸素を放出した主犯とする説だ。そうだったかもしれないし，違うかもしれない。

　地球が太陽から受け取るエネルギーの量は膨大だ。本章の記述で，それが十分に伝わることを願う。人類のエネルギー消費量の概算は，まさにその通り，ただの概算だ。国際エネルギー機関（IEA）のウェブサイト（https://www.iea.org）などでいくつかのデータや計算値を見ることができる。

　気候や気象はとても複雑な現象だ（厳密に言えば，気候は気象の統計値にすぎない。地表の温度や氷の量といった特定の現象の確率を，時間について平均して丸めた値だ）。ここでは，ごく簡単に概要を述べるにとどめた。人類が引き起こす気候変動（それは実際に起きているし，まさに物理現象であって反論の余地はない）に緊急に立ち向かわなければならないことを考えると，継続的な情報提供を求める人もいるかもしれない。適切な情報源としては，次のようなサイトがある：www.noaa.gov/climate, https://climate.nasa.gov, www.metoffice.gov.uk/climate-guide。

　インド洋や西太平洋で発生する台風，そして北東太平洋と北大西洋で発生するハリケーン（まとめて熱帯低気圧と呼ばれている）は恐ろしいパワーを持っている。科学者たちは，ありとあらゆる例えを持ち出してそのパワーを伝えようとする。台風の1日のエネルギー量は水爆の数百発分に等しいとか，人類の文明が必要とするエネルギーの数年分にあたるなど，なんでもありだ。

　太陽光による化学反応は大きな問題だ。この光化学反応は，単に地球にとって重大であるだけではない。太陽系全体，そしてもっと広い範囲で起きていることが部分的に表れたものだ。非常に専門的だが包括的な見解を示した論文がある：Renyu Hu *et al*., "Photochemistry in Terrestrial Exoplanet Atmospheres I: Photochemistry Model and Benchmark Cases," *The Astrophysical Journal* 761, no. 2（2012）: 166。

　私は，地球がどんな存在なのかをごく人間的な観点から表現する方法を，あれこれ探ってみた。そうするうちに，この惑星を宇宙から眺めた人々がいることに気がついた。たくさんの人々が自身の経験を書いていることは知っていたが，そうした回想がいくつくらいあるのか，そしてどのくらい雄弁に語っているかま

では理解していなかった。ここに引用した言葉は，どれも公開された記録の中にある。ここには示さなかったものがもっとたくさんある。国や文化を超えた，さまざまな人からの引用になるよう試みたつもりだ（参考になりそうなウェブサイトの一例は，www.spacequotations.com/quotes-about-earth-by-astronauts/）。

第6章：意識ある存在

　この章で私が意識について語り出したので，驚いたかもしれない。私も驚いた。ただ私は，この章で扱うスケールで，私たちの世界のどういう側面が一番印象的かをまず考えたのだ。人やゾウや鳥などの生き物について言えることで，まだあまり語られていないものは何だろう？　正直に言って，自覚，自意識，感覚，それに私たちが意識と呼ぶものは，人類が答えを出していない問題の中でも最大級の謎だと私は思っている。

　ほかにも，地球のあらゆる生物系が互いにどのようなつながりを持っているか——それも今だけでなく，時を超えたどんなつながりがあるか——ということも大きな謎だ。少し月並みになるが，もしチャールズ・ダーウィンやアルフレッド・ラッセル・ウォレス，アレキサンダー・フォン・フンボルトなどの人々が書いたものをまったく読んだことがないなら，読んでみることをおすすめする。彼らの書いたもの1つ1つが合わさって，進化についての私たちの理解が促されたのだから。ウェブサイト Darwin Online（http://darwin-online.org.uk）のリソースは素晴らしい。自然選択についてのウォレスの業績に関しても，オンライン上に多くのリソースがある（彼は宇宙生物学のことまで考えていた！）。マイケル・シャーマーが優れた伝記を書いている：*In Darwin's Shadow: The Life and Science of Alfred Russel Wallace: A Biographical Study on the Psychology of History*（Oxford, UK, and New York: Oxford University Press, 2002）。フンボルトについては，アンドレア・ウルフの素晴らしい著作がある：*The Invention of Nature: Alexander von Humboldt's New World*（New York: Knopf, 2015）〔『フンボルトの冒険——自然という〈生命の網〉の発明』アンドレア・ウルフ著，鍛原多惠子訳，NHK出版，2017年〕。

　全バイオマスの推計はひどくややこしい。地球の表層を1立方メートルごとに全部サンプリングして有機物を数えることなど，誰にもできはしない。だから部分的な計測値や，食物や廃棄物の流通のデータなどを使って，大まかに外挿しなければならない。地球規模の森林の全バイオマスに焦点を当てた計算例として，次のレビュー論文がある：Yude Pan *et al*., "The Structure, Distribution, and Biomass of the World's Forests," *Annual Review of Ecology, Evolution, and Systematics* 44（2013）: 593–622。微生物のバイオマスの推計では，合計量をかなり低く見直した実例を挙げておこう：Jens Kallmeyer *et al*., "Global Distribution of Microbial Abundance and Biomass in Subseafloor Sediment," *Proceedings of the National Academy of Sciences* 109, no. 40（2012）: 16213–6。

　たぶん，私がこの本を作るにあたってしなければならなかった最大の選択は，「私たちの旅が地球に到

達した時に，どこにズームインするか」ということだった。私は過去の作品と同じことをするのは避けるべきだと考えた（二番煎じはたいてい面白くないのだ）。西欧や北半球に偏りすぎるのもよくない。すべての現代人はアフリカにルーツがある。アフリカは地理的にも生物学的にも驚くほど多様性に富んだ大陸だ。その上，大地溝帯には非常に印象的な特徴がある。そこは地球の地殻が文字通り一番薄い場所であり，私たちが群れで暮らしていた時期の真っ只中に，冒険に出たことを思い出させてくれる場所でもある。それに私はゾウが好きなのだ。ゾウには独特の魅力と美しさがあり，私たちの理解と保護を必要としている。

　ホモ・ハビリスとホモ・エレクトスについての情報源はいろいろあるが，ユヴァル・ノア・ハラリの *Sapiens: A Brief History of Humankind*（New York: HarperCollins, 2015）〔『サピエンス全史——文明の構造と人類の幸福（上・下）』ユヴァル・ノア・ハラリ著，柴田裕之訳，河出書房新社，2016年〕は最新の知見が得られるとても良い本だ。

　「生命の樹（系統樹）」は，生物が進化の過程で枝分かれしていく概念を示したモデルとしてよく知られている。この概念をさかのぼると，さまざまな研究者たちの中でもダーウィンにたどり着く。化石記録と分類学のみに基づいて作られる系統樹には制約がある。一方，最新の生物学に基づく系統樹ほど情報が多くなる。どちらの系統樹も，どの生物とどの生物に類縁関係があるかについて全体像を示してくれる。オンライン上には，いろいろな情報がある：www.tolweb.org，www.wellcometreeoflife.org/interactive，tree.opentreeoflife.org。

　人類と大きく異なっていることを考えると，昆虫の知性や認知能力はとりわけ興味深い。最近のいくつかの研究では，マルハナバチが立体パズルの解き方を「編み出す」ことができるだけでなく，試行錯誤してそれを見つけたハチが，ほかのハチたちに「教える」（または，少なくともほかのハチたちが，すでに成功した仲間からすばやく学ぶ）こともできるということが示されている（私の見たところ，きわめて納得のいく説明だった）。その上，一度学んだハチたちは，それ以後，次世代のハチたちのお手本になることもある。本当に驚きだ。Sylvain Alem *et al*., "Associative Mechanisms Allow for Social Learning and Cultural Transmission of String Pulling in an Insect," *PLOS Biology* 14, no. 10（2016）などの論文を参照してほしい。

　脳が持つ能力を，異なる種ごとに明らかにするのは非常に難しい。この章のインフォグラフィックには不確かなところもたくさんある——だが，それでいいのだ。科学とはそういうものなのだから。

　私は「偶発性」という用語を使っている。進化生物学の世界では，この言葉に特別な意味がついて回る。とくにそれに貢献したのは，スティーヴン・ジェイ・グールドの著作だ。グールドの本はどれも刺激的で面白いが，*Wonderful Life: The Burgess Shale and the Nature of History*（New York: W. W. Norton, 1989）〔『ワンダフル・ライフ——バージェス頁岩と生物進化の物語』スティーヴン・ジェイ・グールド著，渡辺政隆訳，ハヤカワ文庫，2000年〕は必読だ——彼が提唱する事柄に納得できないところがあるかもしれないが，それでもだ。

第7章：多様なものから単純なものへ

「複雑性」と「複雑系」は現代科学の用語の中で，とくに重要なものになった。それには十分な理由がある――宇宙は複雑性に満ちているからだ。そして，複雑性は私たちの還元主義的な傾向に疑問を投げかけている。私たちは，いまだにそれにこつこつ取り組んでいる。紹介したい書籍は数多く，一般向けのものもあれば専門的なものもある。たとえば，ジェイムズ・グリックの古典的著作 Chaos: Making a New Science（New York: Viking Penguin, 1987）〔『カオス――新しい科学をつくる』ジェイムズ・グリック著，大貫昌子訳，新潮文庫，1991年〕や，スチュアート・カウフマンの At Home in the Universe: The Search for the Laws of Self-Organization and Complexity（Oxford, UK, and New York: Oxford University Press, 1995）〔『自己組織化と進化の論理――宇宙を貫く複雑系の法則』スチュアート・カウフマン著，米沢富美子訳，ちくま学芸文庫，2008年〕などを参照してほしい。この分野で多くの業績を挙げている組織，サンタフェ研究所（www.santafe.edu）の研究成果もぜひ見てほしい。

顕微鏡でなければ見えない世界に関しては，アントニ・ファン・レーウェンフックについての本を読むべきだろう。レーウェンフックは顕微鏡の発明者であり，おそらく1600年代から1700年代初頭にかけて，実際に細菌を観察した最初の数人のうちの一人だ。

生命の細分化の例として人の手を選んだ理由は，手がとても身近な器官であり，象徴的な形をしているからだ。手は，人類が世界を支配することを文字通り可能にした。数学者で評論家のジェイコブ・ブロノフスキーは，かつて「手は心の最前線だ」と語っている。

地球の多細胞生物についての最古の証拠は，一説には，ガボンで見つかった今から21億年前の化石と言われている。この件については Abderrazak El Albani et al., "The 2.1 Ga Old Francevillian Biota: Biogenicity, Taphonomy and Biodiversity," PLOS One 9, no. 6（2014）: e99438 などの論文が参考になる。言うまでもないが，この化石は「現在までに見つかった中で最も古い可能性があるもの」にすぎない。なお地球では，多細胞生物の進化の過程で（自然選択と環境圧によって）45段階もの「発明」が起きたとする説もある。

基礎代謝率と生物の重さの数学的な関係は，非常に興味深い。次のような論文を参照してほしい：Geoffrey B. West et al., "A General Model for the Origin of Allometric Scaling Laws in Biology," Science 276（1997）: 122–6。

スケーリング則と都市の関係も注目に値する。この問題については，ジェフリー・ウェストの優れた論考がある："Scaling: The Surprising Mathematics of Life and Civilization," https://medium.com/sfi-30-foundations-frontiers/scaling-the-surprising-mathematics-of-life-and-civilization-49ee18640a8。

生き物の群れは魅力的だ。多くの研究者が群れについて研究し，単純なルールから複雑な現象が現れることや，生物がどのように学習して適応するかなどを解明しようとしている。この研究分野は，よく「群れ

行動」とか「群れの動態」と呼ばれている。ソフトウェアを使ったシミュレーションやロボット工学の手法で調べるのに適している。

アリのコロニーによる「最短経路」の最適化現象は，ある地道な研究分野を生んだ。高度な問題の解法につながる計算／アルゴリズム法を作成し，それを図で表すと，最短経路が解になるという手法だ。すべては，まさにアリを研究することから始まった。J. L. Deneubourg *et al.*, "Probabilistic Behaviour in Ants: A Strategy of Errors?," *Journal of Theoretical Biology* 105（1983）: 259–71 などの論文を参照してほしい。

この章の終わりのところでエントロピーが登場する。エントロピーについて語れば，それだけで一冊の本になる。現代物理学の核心に近い概念で，理解することが大変難しく，いまだに完全には解明されていない。

第8章：ミクロの扉の向こう側

この章の扱い方については，いくつかの選択肢があった。この章で扱うスケールをこれまで見てきた大きなスケールの場合と同じように「観測する」のは物理的に不可能だが，そのことを無視して強引に進めてしまうというやり方もあった。しかし私はそうではなく，このスケールの奇妙さに正面から向き合って，原子の世界に移ったことをはっきりさせることにした——これは後に続く2つの章のお膳立てにもなる。

インフォグラフィックで示したDNAの長さのデータは，おそらくこの章で一番衝撃的情報だろう（まあ，量子の世界を知るのとだいたい同じくらいには衝撃的だ）。この数字は確かなものだ。ヒトの1つの体細胞に入っている1本鎖DNA（全部で30億以上のヌクレオチドからなる鎖2セット）のねじれを解いてまっすぐ並べることができたら，目には見えない全長1.8メートルの細い糸になる。この数と，人体に約40兆個の細胞があるという概算値を用いれば，その他のすべての数字が導かれる（よく100兆個の細胞があるという言い方をされることがあるが，40兆という控えめな数字の方が新しい計算に基づいている）。全人類のDNAの長さの合計は，確かにものすごい数字だが，本当にそうなるのだ。

あらゆる細菌が同じような姿をしているわけではない。本書では尻尾があって「カプセルのような」形をした細菌を選んだが，それはその方が視覚に訴えるだろうと思ったからだ。実際は単細胞生物にもさまざまな形がある。

細菌はこの地球の真の支配者だ。実は私たち人間も彼らに支配されている。もし常識を（大いに）覆されたいなら，エド・ヨンの *I Contain Multitudes: The Microbes Within Us and a Grander View of Life*（New York: HarperCollins, 2016）〔『世界は細菌にあふれ，人は細菌によって生かされる』エド・ヨン著，安部恵子訳，柏書房，2017年〕を読んでみてほしい。

ところで，細菌が真の支配者であるなら，ウイルスはどうだろう？　ウイルスはあらゆる点で，ホストの生

命体と同じくらい多くを「掌握している」。ただ，ウイルスを「生きている」とみなすのは難しい。一般向けの優れた書籍をもう一冊挙げるなら，カール・ジンマーの *A Planet of Viruses*（Chicago: University of Chicago Press, 2011）〔『ウイルス・プラネット』カール・ジンマー著，今西康子訳，飛鳥新社，2013年〕が良いだろう。

誰か一般読者向けに，リボソームの解説書を書くべきだ――いや，たぶんもうあるのだろうが，私はまだ適当なものに出会っていない。私たちの細胞の中にあるリボソームは，50種類以上のタンパク質とRNAからなる複合体だ。リボソームはとにかくすごい。数年前のうだるような暑い日に，アトランタのジョージア工科大学のニック・ハッドが，私に即席の詰め込み授業をしてくれた。ここでは彼の研究グループを含む著者による素晴らしい論文を挙げておきたい：Anton S. Petrov *et al*., "History of the Ribosome and the Origin of Translation," *Proceedings of the National Academy of Sciences* 112, no. 50（2015）：15396–401。

私はこの章で，微細なスケールの物質が電気の作用で引き寄せ合うことについて書いている。ここで覚えておいてほしいのは，化学とは電磁気を知ることにほかならない，ということだ。電磁気は実際には光子をやりとりすることで伝わるものだが，それは人間のスケールで光子を「見る」現象とはまた別だ。

君が部屋の入り口を通る時に回折を起こすという描写は，昔から物理学でよく使われる例え話だ。かつて大学で，この現象を使って「追いかけてくるトラから逃げる方法」についてのジョークを聞いたことがある。小屋に駆け込み，トラの回折模様が一番薄くなる場所に立っていればよいのだ（次の章も参照してほしい）。この種の話をさかのぼれば，物理学者のジョージ・ガモフが書いたトムキンス氏の楽しい教育書に行き当たる。1940年に出版された *Mr. Tompkins in Wonderland*〔『不思議の国のトムキンス』G・ガモフ著，伏見康治訳，白揚社，2016年（復刻版）〕や，新版 *Mr. Tompkins in Paperback*（Cambridge, UK: Cambridge University Press, 1993, 2012）がある。トムキンス氏の旅には原子に入っていく場面も登場する。

君が普通の大きさの人間として普通の大きさのドアを通る時に，実際にどの程度の回折を起こすか知るためには，まずド・ブロイ方程式やド・ブロイ波長を使って君が認識可能な程度の回折を起こすのに必要な速度（または運動量）を計算する必要がある。すると，君はゆっくりと，本当にゆっくりと進まないといけないことがわかる――秒速 10^{-34} メートル未満の速度だ。つまり，君がその入り口を通過するのに宇宙の年齢より何兆倍も長い時間がかかることになる。

私はよく，「この宇宙で炭素以外の元素を使って生命が誕生する可能性はありますか」と質問される。それは可能ではある。しかし本文に書いたように，何より目的にかなっているのが炭素なのだ。炭素の結合能，反応性，そして安定性といった性質の組み合わせが，とにかく特別だ。

炭素原子の身の上話をインフォグラフィックにするという思いつきは楽しかったが，大変でもあった。君の体の中の炭素原子がたどってきた経緯には本当にたくさんの可能性が考えられるからだ。最終的には，ジャガイモに蓄えられた「有機物」中の炭素が人に食べられることにした。そうしなければ，炭素は大気中に放出されて，植物に取り込まれるまでのサイクルをもう一周しなければならなかっただろう。

恒星による炭素の生成プロセスを解明したことは，20世紀の宇宙物理学と原子核物理学が成し遂げた大成果の一つだ。ただし，そこから宇宙の「微調整」についての興味深い議論が生まれることにもなった。専門的だがかなり面白い最新の論文で，この問題にいくらかの前進がみられる：Fred C. Adams and Evan Grohs, "Stellar Helium Burning in Other Universes: A Solution to the Triple Alpha Fine-Tuning Problem," https://arxiv.org/abs/1608.04690。

　人間原理は議論が盛り上がる格好のテーマだ。このトピックについて掘り下げたければ，(私の以前の著書も含めて)たくさんの資料が見つかるだろう。バランスのとれた比較的新しい本として，マーティン・リースの *Just Six Numbers: The Deep Forces That Shape the Universe*（New York: Basic Books, 2000)〔『宇宙を支配する6つの数』マーティン・リース著，林 一訳，草思社，2001年〕がある。

第9章：実は，原子は空っぽである

　ここで私は，宇宙がいかに空っぽであるかについてまたぼやいている——第2章でも同じことを言った。原子の内部で，実際に物質が占めている空間がどれほど少ないかは驚くに値する——もちろん電子は原子の中の空間のどこにでもいることになっているのだが，それはただ確率論的にそうだというだけだ。

　量子力学の性質や，量子力学が描写する原子と亜原子の世界について伝えるのはとても難しい。ここではあまり出過ぎた説明はしないことにした。量子力学は信じられないほどよくできた体系だ——ただ，どのようなモデルを用いればその基本的特性を最も良く表せるかが，まだ明確になっていない。私たちはシュレーディンガーの猫の実験の異なる解釈について説明しようと考えたが，それでははっきりした違いが出せなかった。二重スリット実験はその点でばっちりだった。

　このところド・ブロイ＝ボーム解釈に関する報告が少し増えているように思う。そのことには，いくつかの興味深い実験の成果が少し関係している。次の論文を参照してほしい：Dylan H. Mahler *et al.*, "Experimental Nonlocal and Surreal Bohmian Trajectories," *Science Advances* 2, no. 2（2016）: e1501466。

　多世界解釈については，二重スリットを通る電子が平行世界の別の電子に「影響される」と書いたが，これは最近になっていくつかの研究で提起されたものだ。量子効果は別世界との相互作用だけが原因で生じるという説で，それぞれの平行世界は「古典的」な世界だということになる——別世界を取り除けば，古典的な非量子的世界が残されるというわけだ（しかし，それはおそらく全世界の終わりを意味することでもあるのだろう）。次の論文をお読みいただきたい：Michael J. W. Hall *et al.*, "Quantum Phenomena Modeled by Interactions between Many Classical Worlds," *Physical Review* X 4, no. 4（2014）: 041013。

　量子もつれと非局所性は，理解するのが非常にやっかいだ。ジョージ・マッサーの優れた著作をおすすめする：*Spooky Action at a Distance: The Phenomenon That Reimagines Space and Time—and*

What It Means for Black Holes, the Big Bang, and Theories of Everything (New York: Scientific American / Farrar, Straus and Giroux, 2016)。

　同位体のことを持ち出したのには理由がある。私たちから見ればこれほど根元的なレベルにあるもの（原子核）でも，自然界はやはり複雑にできているということが私には興味深く思われるからだ。同位体の原子核はとてもエレガントとは言えない。それでも，私たちが自然界のしくみを考える上では，とても役に立つ。次の論文を引用せずにいられない：L. G. Santesteban *et al.*, "Application of the Measurement of the Natural Abundance of Stable Isotopes in Viticulture: A Review," *Australian Journal of Grape and Wine Research* 21, no. 2 (2015): 157–67。賭けてもいいが，この雑誌がこんな本に引用されるのは，絶対にこれが初めてだろう（訳註：論文タイトルは「自然界における安定同位体量の測定のブドウ栽培への応用：総説」，雑誌名は『オーストラリアにおけるブドウおよびワイン研究雑誌』）。

　オガネソン（ウンウンオクチウム）のような超重原子核を，君ならどうやって作るだろう？　重い原子核を2つ用意して，何か新しいものができたらいいなと願いながらぶつけ合う——簡単に言えばそういうことだ。その重い原子核が放射性崩壊を起こすので（通常はきわめて短時間で起きる），その崩壊生成物を調べれば，どんな原子核ができたかがわかる。

　この章では素粒子物理学にはあまり深く立ち入らないことにした。クォークとグルーオンに簡単に触れ，素粒子ファミリーを図で示すにとどめている。この分野には良質の一般向け書籍が何十年も前からたくさんある。私はスケールを下降していく勢いを優先したかった。このスケールでは，実にさまざまな構造がちらちら姿を見せるが，私たちは進み続けなければならないのだ。

　最後に挙げた「理解しがたい」という文言は，本当にアインシュタインの言葉だが，彼が一言一句この通りに言ったわけではない。引用元はアインシュタインの著書だ：Albert Einstein, "Physics and Reality," 1936, reprinted in Einstein, *Ideas and Opinions* (New York: Crown, 1954, 1982)。言い回しがやや違っていて，「『宇宙の永遠の謎は，それが理解可能であること』と言えるかもしれない」と書いてある。

第10章：「場」が満ちた世界

　ここでは2つの選択肢があった。仮想粒子で湧きかえる正体不明の19桁（10^{-16}〜10^{-35}）のスケールを，すべてこれまでとまったく同じように描いてしまうか，それとも大部分を飛ばしてしまうかだ。私たちは正しい選択をしたと思っている。ただ，それは軽々しく決めたわけではない。私たちは，この微細な領域が全て面白みのないものと決めてかかっているが，本当にそうなのかはわからない。

　また，強調するポイントを「粒子と波」から「場と量子」へと移すのは重要だと考えた。それによって，現代の物理学が使っている数学的手法を紹介することができるし，私たちが今まさに宇宙の最深部にある究極の要素に近づいているという感覚も得やすくなる（と期待している）。

第一級の優れた参考書として，リチャード・P・ファインマンの*QED: The Strange Theory of Light and Matter*（Princeton: Princeton University Press, 1986）〔『光と物質のふしぎな理論——私の量子電磁力学』R・P・ファインマン著，釜江常好・大貫昌子訳，岩波現代文庫，2007年〕と，その他の彼の著書や講演録を読んでほしい。

　最後のスケール——プランク長の10^{-35}メートル——をどのように描くかは，本当に難しかった。正直に言えば，ここではほとんどどんな表現をしてもかまわないし，何でもありだったと思う。最終的に出来上がった画像は，構成や奥行きが気に入っている——控え目にしたつもりだが，見ていると，ちょっと目がちかちかするかもしれない。

　「量子の泡」というアイデアは，1950年代半ば頃に，物理学者のジョン・ホイーラーが同僚のチャールズ・ミスナーとディスカッションしていた時に思いついたものらしい。少なくとも彼はそう書いている：John Archibald Wheeler with Kenneth Ford, *Geons, Black Holes, and Quantum Foam: A Life in Physics*（New York: W. W. Norton, 1998）。量子の泡の痕跡を確かめられそうな研究としては，フェルミ研究所の「ミューオンg-2」実験プロジェクトがある。弦理論を始めとする物理学の究極の「秘中の秘」のような理論については，ブライアン・グリーンの著書*The Elegant Universe: Superstrings, Hidden Dimensions, and the Quest for the Ultimate Theory*（New York: W. W. Norton, 1999, 2003）〔『エレガントな宇宙——超ひも理論がすべてを解明する』ブライアン・グリーン著，林 一・林 大訳，草思社，2001年〕など，面白く読める本がいくつかある。

　最後のインフォグラフィックは，私たちを取り巻く宇宙を理解するために使う「翻訳」の階層構造を表現したものだ。純粋数学から始まって，内側にいくほど物理学の領域に入り込んでいく。図の中に示した数式は，私たちが選んだごく一部のものにすぎない——一番面白そうなものを選んだつもりだ。ある意味で，それらの式は本書の全体的な趣向を反映している。つまり，宇宙は壮大で，楽しい旅の名所がたくさんある。本書はその中から私たちが選んで作ったツアーだ。

　本文の最後のところで，私は（再び）コンピューターのことに言及している。実は人工知能のことをほのめかしたのだ。最新のディープラーニング（深層学習）システム（何十もの「隠れ層」を持つソフトウェア上のニューラルネットワーク）は，情報処理の分野で今まで誰も見たことのないようなことを実現しつつある。少し怖い気もするが，とてもわくわくする。私たちは，人類の知性が生物学的な境界の外側に広がった，時代の転換点にいるのかもしれない。未来は面白くなりそうだ。

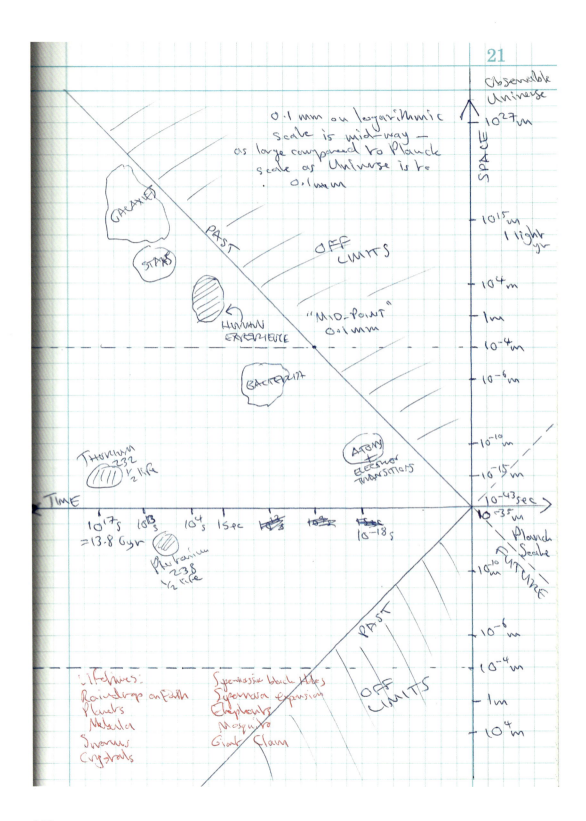

謝辞

　本書の最初のアイデアは，ミュレイン・ライブラリー社のディアドラ・ミュレイン，そしてファーラー・ストラウス＆ジルー（FSG）社のアマンダ・ムーンの2人と会話する中で生まれてきた。2人の熱意と粘り強さがなかったら，このプロジェクトのスケールは1センチも進まなかっただろう。

　初めの頃に何度かランチを食べながら話が盛り上がる中で，私たちは，自然界そのものがスケールや時間やエネルギーのつながりを内包していることに注目するようになった。そこに複雑性や創発性，カオスなどのアイデアを加えていくうちに，本書の構想が固まった。広大な宇宙から，無に近い極小の世界まで移動するのは，それ自体が楽しい旅だった。素晴らしいイラストの技術と想像力を持ったロン・ミラーと仕事をし，5Wインフォグラフィックス社のサミュエル・ベラスコ，フアン・ベラスコの2人の並外れたグラフィックアートの才能を目の当たりにすることは，この上ない幸せだった。彼らは皆，真のプロフェッショナルとの仕事がどういうものかを何度も繰り返し私に見せてくれた。同じ意味で，FSGチームのほかのすべてのメンバー，とくにジョナサン・リッピンコットとスコット・ボルヘルトにお礼を言いたい。またアニー・ゴットリーブにも特別な感謝の言葉を送る。彼女の編集能力のおかげで，原稿が数えきれないほど多くの点で改善された。

　本書の一部は，ニューヨーク–東京間の長いフライトの途中や，日本でたびたび過ごした静かな時間の中で形になった。東京工業大学の地球生命研究所に所属する科学者と職員の方々には，さまざまな点で大いにインスピレーションを授けていただいた。ここに感謝の意を表したい。先を見越し，私の将来における収穫のために種をまいてくれたピート・ハットには，特別な感謝を送る。

　ほかにも，メアリー・ヴォイテク，フリッツ・パイレルス，デイヴィッド・ヘルファンド，アンバー・ミラー，マイケル・ウェイ，ネルソン・リベラ，ダニエル・サヴィン，アーリン・クロッツ，アヤコ・フクイ，ウィンデル・ウィリアムズ，アビゲイル・ウェンデル，ルイス・ウェンデル，エリック・ゴットヘルフ，フェルナンド・カミーロを始めとする多くの友人と同僚には，私を支えたり励ましたりしてくれたことに感謝している。

　最後に，私の家族，ボニー，レイラ，アメリア，そしてマリーナ。いつものことだが，本ができるまで，ずっと見守っていてくれてありがとう。

ケイレブ・シャーフ
2016年，ニューヨークにて

私は常々，果てしなく大きいものと，果てしなく小さいものに魅力を感じてきた。前者は，おそらく私がほとんど全人生にわたって抱いてきた天文学と宇宙旅行への興味が出どころだ。後者は映画 The Incredible Shrinking Man（日本での公開名『縮みゆく人間』）が初めて公開された時，劇場で観たことが原因かもしれない（それが何年のことだったかは知りたくない）。しかし，私がその映画を観たいと思ったのは，ヘンリー・ハッセの "He who shrank" という短篇小説をすでに読んでいたからかもしれない。この本はマクロバースとミクロバースというアイデア全体をひっくり返したのだ。それから私は，小学校の頃に The Thirteen Steps to the Atom という本をむさぼるように読んだことを覚えている。一枚一枚の写真によって，身の回りの世界から，ほぼ無限に小さい世界まで連れて行ってくれる本だった。同じ頃，古典的なノンフィクションの Cosmic View を発見した——今でもその時の本を持っている。1977年にチャールズ・イームスとレイ・イームズの Powers of Ten が公開された時のことも覚えている。私はその時，間違いなく10回以上は観たし，それからも何回観たかわからない。そういうわけで，この本のイラストを担当する話を打診された時，私はすぐに飛びついたが，それはこの仕事が素晴らしいチャレンジになるというだけの理由ではなかった。こんな仕事はまったく初めての体験だった。宇宙の端から地球までをズームしていくのは，とくに問題ではなかった——私はずっと，そういう世界に親しんできたのだから。しかし，そこからさらに小さい世界へ飛び込んでいくところになると，新しいモチーフ，新しいアイデア，そして新しいテクニックを試し続けた。とくに難しかったのは，まさに目に見えない物や，大きささえ測れない物を描かなければならないことだった。なぜならそれは……たいていほとんど実体のない存在なのだ。

　この本は私にとって，アマンダ・ムーンとともに仕事をする2度目の機会であり，ケイレブ・シャーフとの初めての仕事でもあった。シャーフの文章には最大級の賛辞を送りたい。また，スコット・ボルヘルト，ジョナサン・リッピンコットという素晴らしいメンバーと協力しながら本書を作ることが，いかに楽しかったかは言うまでもない。そして，いつものことながら，常に寛大でいてくれるジュディス・ミラーに，心からの敬意を送る。

ロン・ミラー
2016年，バージニア州サウスボストンにて

索引

DNA　51, 119, 147, 150, 152, 155, 158, 159, 193；――の長さ　148, 196, 207

M31　➡アンドロメダ銀河

WIMPs　➡弱い相互作用をする重さのある粒子

ア

亜原子粒子　8, 9, 34, 166, 172, 173, 180

暗黒エネルギー　8, 9, 184

暗黒物質　8, 9, 19, 20, 34, 54, 199

アンドロメダ銀河　32, 33, 46, 47, 196, 199；――天の川銀河との衝突　28

意識　117-119, 121, 124, 126-128, 204

異常磁気モーメント　162

一般相対性理論　20, 180, 183, 184

いて座Aスター　39

いて座ストリーム　33

インフレーション　12, 13, 198

引力　9, 25, 54, 81, 87

ウイルス　128, 149-151, 207, 208；――の重量　136, 138；――の大きさ　10, 194

宇宙　――の泡構造　16, 17, 19, 28, 198；――の大きさ　12, 196, 198；観測可能な――　5-12, 20, 28, 75, 95, 118, 196, 197；初期――　16, 53-55, 198；多――　12-14, 158, 198；――の大規模構造　14, 15, 18, 196, 198；――の地平線　6-9, 11, 12, 14, 16, 20, 198；――の膨張　8, 9, 12, 14, 16, 19, 28, 54, 184, 199；ポケット――　13

宇宙マイクロ波背景放射　16, 34

エヴェレット解釈　166, 169

エネルギー　2, 8, 14, 27, 34, 53, 66, 75, 105, 106, 108, 109, 112, 152, 156, 158, 169, 170, 172, 174, 177, 180, 184, 185, 202；位置――　54；運動――　34, 87, 174, 183；化学――　6, 136, 156；人類の――消費量　105, 203；太陽からの――　102, 105, 106, 108, 109, 203；熱――　54, 55, 66, 106；すべての生物の――消費量　105

カ

回折　154, 164, 169, 208

カオス　81, 128, 183, 206

化学結合　106, 152, 156, 157, 159, 172, 208

核融合　55, 57, 68, 156, 158, 159, 170

仮想粒子　174, 177-179, 181, 184, 210

価電子　156

干渉　164, 166, 167

岩石　一番古い――　95, 203　➡ジルコン

帰還不能点　25, 27

基礎代謝率　136, 138, 206

基本相互作用　174

逆２乗の法則　87

局部銀河群　20, 22, 23, 31

巨大ガス惑星　78, 79, 106

巨大氷惑星　79, 80

銀河　6, 8, 9, 11, 16, 20, 21, 34, 36-38, 46, 47, 55, 57, 159, 196-200；天の川――　1, 3, 5, 6, 20, 25, 27-36, 39-44, 46, 48, 57, 196, 197, 199, 200；――の大きさ　11, 196；――の空っぽの部分　1, 27, 28；――間空間　27, 28-33, 55, 161, 199；サテライト――　32；――の衝突　28, 38；矮小――　32, 33, 46, 47

銀河団　16, 17, 19, 32, 34, 37

偶発性　128, 205

クォーク　2, 10, 53, 170, 172-174, 177, 180, 210

クォークグルーオンプラズマ　53

グルーオン　2, 53, 170, 173, 174, 177, 180, 210

系外惑星　➡惑星

ケイ素　32, 55, 79, 96, 156

原子　1, 2, 8, 9, 16, 27, 51-53, 68, 132, 152, 154, 156, 157, 159-163, 165, 167, 169-174, 207-

209；──の大きさ　10, 161, 162, 193；──の空っぽの部分　161, 209
原子核　1, 2, 10, 16, 53, 156, 158, 159, 161, 162, 169-173, 209, 210
原始星　60, 62, 64, 66, 68
原始星円盤　64, 200
原始惑星　64, 66-69, 93
原始惑星系円盤　66, 67, 79, 80, 159, 200
光子　6, 8, 14, 16, 52, 70, 71, 104, 105, 166, 167, 169, 172, 173, 180, 201, 208
恒星　5, 6, 11, 16, 20, 25, 27, 28, 32-34, 36-40, 44, 46, 48, 56, 64, 71, 75, 76, 78-81, 95, 156, 158, 159, 170, 188, 197-201, 209；──の一生　55；──の誕生　54, 56-58, 60, 66-69
氷　66, 68, 71, 78, 79, 87, 159, 202, 203
コペンハーゲン解釈　164, 166, 167

サ

細菌　128, 136, 147-151, 159, 194, 206, 207,；最小の──　194
酸素　55, 79, 96, 106, 135, 152, 156, 158, 159；──による汚染　101, 203
ジェット　銀河の──　36, 37；原始星の──　60, 62, 66；ブラックホールの──　24, 196
ジェット気流　系外惑星の──　80；地球の──　106, 108
事象の地平線　25, 27, 71, 195, 199
自然選択　6, 128, 142, 204, 206
重元素　55, 95；──による汚染　55
重力　1, 8, 9, 16, 19, 28, 33, 34, 39, 51, 54, 55, 57, 66, 68, 75, 78-81, 87, 161, 172, 174, 184, 188, 198；──レンズ　20, 34
縮退　53, 161；──圧　53
準惑星　71-73, 195
小マゼラン雲　32, 46
小惑星　65, 71, 79, 195
ジルコン　95, 203
進化　101, 119, 124, 128, 136, 174, 204-206
人類　10, 101, 105, 117, 132, 139, 148, 196, 197, 203, 207, 211；──の起源　122；──の脳　126, 127
スーパーアース　76, 80
星間空間　27, 39, 48, 55, 66, 67, 78, 159, 199
星間物質　55, 170
生物　──の大きさの分布　138, 139, 194, 195；最古の多細胞──　206；──量　➡バイオマス
生命居住可能　76, 77
創発　119, 188

タ

大気循環　105, 106, 108
大地溝帯　107, 122, 195, 205
台風　106, 109, 203
大マゼラン雲　36, 46
太陽　5, 11, 39, 40, 44, 48, 49, 51, 52, 58-61, 63, 65-67, 74, 104-106, 109, 195, 198, 200, 202, 203；──エネルギー　102, 105, 106, 108, 109, 203；──の大きさ　11；──圏　48；──風　67, 108
太陽系　39, 40, 47, 51, 52, 54, 71, 75, 76, 78, 80, 81- 83, 87, 170, 200, 201, 203；──の形成　57, 58, 60, 62, 64, 66-69
多世界解釈　166, 169, 209
炭素　32, 55, 57, 66, 79, 80, 120, 148, 152, 156-159, 171, 208；──の大きさ　193；──原子核合成における3つの偶然　156, 158, 159, 209；──惑星　79
タンパク質　150, 193, 194, 208；──の合成　150, 152
地球　1, 5, 6, 76, 77, 82-85, 88-96, 101-106, 108, 109, 112, 114, 159, 170, 202, 203；過去の──　93, 97-99；──の形成　68, 69, 200；──のしくみ　108, 109；──の周辺の天体　46-48；──の組成　96
中性子　1, 8, 10, 53, 119, 169, 170, 172-175；──星　52, 53, 55, 71, 161
超銀河団　19, 188
超空洞　➡ボイド
超重原子核　170, 210
超新星　6, 47, 55-57, 66, 159, 170
潮汐　79, 87, 93, 108, 202；──ストリーム　33, 34, 38；──力　87
超伝導体　52, 53
超流体　52, 53, 55
強い力　170, 172-174
鉄　75, 78-80, 95, 96, 108, 135,

169, 170
電子　1, 2, 8, 16, 32, 52, 53, 101, 119, 156, 157, 161, 162, 166, 169, 170, 172-174, 180, 209
同位体　170, 210
ド・ブロイ＝ボーム解釈　166, 167, 209
トリプルアルファ反応　156, 159

■ナ

二重スリット実験　166, 209
人間原理　158, 209
脳　117, 119, 205；さまざまな——の比較　124, 126, 127

■ハ

場　177, 178, 180, 183, 184, 210
バイオマス　120, 148, 204
ハイゼンベルクの不確定性原理　164, 177
パイロット波　164, 166；——解釈　166
パウリの排他率　173
ハドレー循環　108
ハドロン　10, 173
ハビタブルゾーン　76
ハリケーン　106, 109, 110, 203
バルジ　39
ハロー　32
反粒子　173
非局所性　167, 209
ヒッグス粒子　173, 180
不気味な遠隔作用　167
複合粒子　9, 170, 172-177, 185

複雑性　131, 144, 182, 183, 188, 206
物質　宇宙にある——の総量　8；——の凝縮　16, 20, 51, 54, 55, 57, 66-68, 75, 170；——の終着点　55；——の状態　52, 53；——の始まり　12
プラズマ　32, 52, 53
ブラックホール　20, 25-27, 53, 55, 71, 184, 195, 196, 199；天の川銀河中心の——　39 ➡いて座スター
プランク時間　184
プランク尺度　10
プランク長　184, 185, 189, 211
プロキシマ・ケンタウリ　11, 196
プロキシマb　77, 78, 201
分子雲　57, 159
平行世界　169, 209
ヘリウム　32, 52, 55, 79, 156；——原子核　156, 158, 159；始原ガスとしての——　54, 78
ボイド　28, 199
ボース＝アインシュタイン凝縮　52, 53

■マ

メシエ31　➡アンドロメダ銀河

■ヤ

陽子　1, 8, 10, 16, 53, 119, 169, 170, 172-175, 187；——の内部　176-178；——の大きさ　10, 193
4つの力　174, 188

弱い力　34, 172, 173, 174
弱い相互作用をする重さのある粒子　34

■ラ

リボソーム　150, 152, 153, 208；——の大きさ　193
粒子と波の二重性　154
量子　1, 8, 53, 154, 156, 158, 162, 164, 173, 180, 184, 209, 210；——重力理論　10, 184；——の泡　184, 211；——もつれ　167, 209；——力学　51, 164, 166, 167, 169, 172, 182, 183, 209
連星　71

■ワ

惑星　5, 6, 12, 27, 28, 39, 40, 42, 43, 52, 71, 81-85, 87, 93, 95, 96, 101, 102, 105, 106, 109, 112, 114, 200-202；系外——　75-81, 201；——の大きさ　11；——の形成　62, 64, 66-69；——の分類　79；浮遊——　35, 44, 78

著者略歴
ケイレブ・シャーフ（Caleb Scharf）
イギリスに生まれる。ダラム大学卒業。ケンブリッジ大学で天文学の博士号を取得。NASAゴダード宇宙飛行センター，宇宙望遠鏡科学研究所などを経て，現在　コロンビア大学コロンビア宇宙生物学センター・センター長。専門は系外惑星科学，アストロバイオロジー。ニューヨーカー，ニューヨーク・タイムズ，サイエンティフィック・アメリカン，ナショナルジオグラフィック，ネイチャーほか，多数の出版物に記事を執筆。著書に The Copernicus Complex, Gravity's Engine（『重力機械——ブラックホールが創る宇宙』水谷淳訳，早川書房，2013）などがある。ニューヨーク市在住。

イラストレーター略歴
ロン・ミラー（Ron Miller）
1947年，アメリカミネソタ州に生まれる。イラストレーター，作家。アメリカ国立航空宇宙博物館アルベルト・アインシュタイン・プラネタリウムのアート・ディレクターなどを経て独立。ナショナルジオグラフィックやサイエンティフィック・アメリカンなどの雑誌，20,000 Leagues Under the Sea や Journey to the Center of the Earth（いずれもジュール・ヴェルヌ著）を始めとする数多くの書籍に作品が収載されている。著書に The Art of Space（『宇宙画の150年史——宇宙・ロケット・エイリアン』日暮雅通・山田和子訳，河出書房新社，2015）などがある。World Beyondシリーズで米国物理学協会優秀賞を受賞。バージニア州在住。

5W Infographics
インフォグラフィック，データのビジュアル化，および情報伝達型ビジュアルプロジェクトに特化したデザインおよびコンサルティング会社。2001年にフアン・ベラスコとサミュエル・ベラスコにより設立された。フアンはニューヨーク・タイムズのグラフィックアート・ディレクターやナショナルジオグラフィックでアート・ディレクターを歴任。サミュエルはフォーチュン誌の元アート・ディレクター。